Georges FRANCHE
INGÉNIEUR-MÉCANICIEN
A & M. — E. C. P.

Manuel de L'Ouvrier Mécanicien

HUITIÈME PARTIE

Hydraulique

ROUES — TURBINES — POMPES

PARIS
Librairie Bernard TIGNOL
PUBLICATIONS DE LA
LIBRAIRIE de l'ÉCOLE CENTRALE des ARTS et MANUFACTURES
53 bis, quai des Grands-Augustins

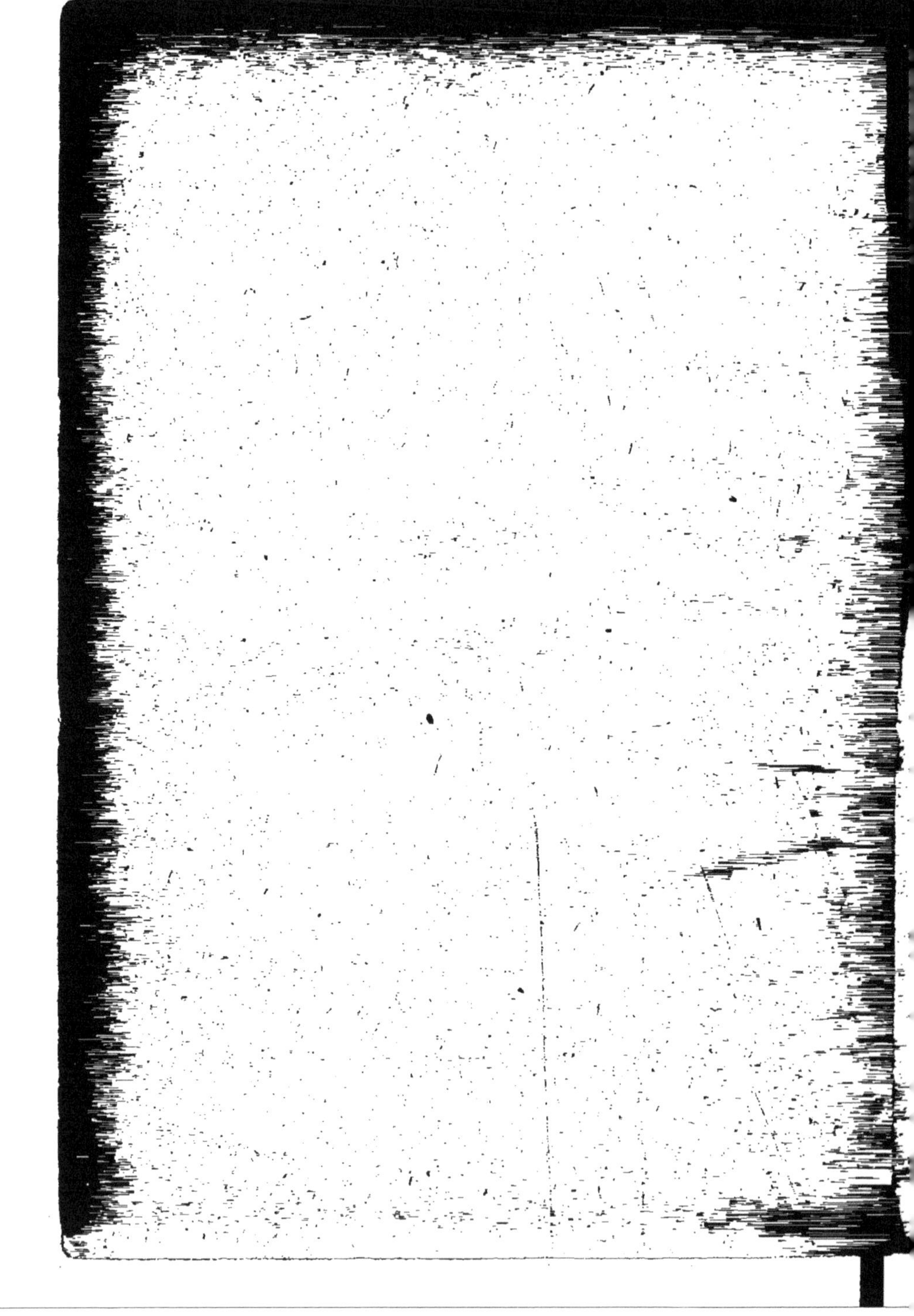

MANUEL

DE

L'OUVRIER MÉCANICIEN

ÉMILE COLIN, IMPRIMERIE DE LAGNY (S.-ET-M.)

BIBLIOTHÈQUE DES ACTUALITÉS INDUSTRIELLES — N° 101.

MANUEL
DE
L'OUVRIER MÉCANICIEN

HUITIÈME PARTIE

HYDRAULIQUE

ROUES — TURBINES — POMPES

PAR

Georges FRANCHE
(A. et M.) Ingénieur-Mécanicien. (E. C. P.)
Agent technique de l'Office national
de la Propriété Industrielle.

AVEC 872 FIGURES DANS LE TEXTE

PARIS
LIBRAIRIE BERNARD TIGNOL
PUBLICATIONS DE LA
Librairie de l'École Centrale des Arts et Manufactures
53 *bis*, QUAI DES GRANDS-AUGUSTINS, 53 *bis*

HYDRAULIQUE

ROUES — TURBINES — POMPES

CHAPITRE PREMIER

THÉORIE ET GÉNÉRALITÉS

Hydrostatique et Hydrodynamique. — Les corps dont on dit qu'ils sont *fluides* sont composés, quant à leur masse, de points indépendants qui peuvent se déplacer les uns par rapport aux autres sans dépenser de force; c'est une simple hypothèse qui n'est, d'ailleurs, pas toujours absolument conforme aux faits. Tels sont les gaz, les vapeurs, les liquides, etc., et l'eau en particulier.

Les propriétés combinées de *pesanteur* et de *fluidité* que possède l'eau, le corps le plus répandu à la surface de notre globe, permettent d'en faire une source de puissance motrice; la pesanteur, aux lois de laquelle l'eau est soumise, est sa propriété productrice de puissance tandis que, d'autre part, sa fluidité la rend incomparablement convenable aux diverses modifications qu'admet son emploi.

Donc, puisque l'eau est sujette aux mêmes lois de pesanteur que les corps solides, elle accumule un certain travail mécanique qui peut se traduire par la vitesse ou l'effet produit, c'est-à-dire dans une même proportion que la chute des corps.

On divise ordinairement l'hydraulique en deux parties :

1° *L'hydrostatique*, ou étude de l'équilibre des fluides ;

2° *L'hydrodynamique*, qui a trait au régime permanent d'un liquide en mouvement ; on dit qu'un liquide en mouvement est en régime permanent lorsque, pour tous les points de ce liquide qui se succèdent en un point de l'espace, les conditions mécaniques ne varient pas ; pour ce liquide, les hauteurs des niveaux ou les pressions, les vitesses et les sections de la veine sont constantes.

Les principes spéciaux de l'hydrostatique sont les suivants :

1° *Toute pression, exercée en un point d'un liquide en repos, se transmet également à ce liquide dans toutes les directions ; de plus, cette pression est proportionnelle à l'étendue de la surface que l'on considère.*

Ce que l'on désigne par *pression hydrostatique* peut se faire comprendre ainsi : supposons une portion de paroi ω d'un vase plein de liquide, sur laquelle s'exerce une pression totale p; $\frac{p}{\omega}$ est la pression moyenne par unité de surface ; en réduisant la surface de plus en plus jusqu'à ce qu'elle ne devienne qu'un simple point, nous arriverons à la limite vers laquelle tend ce rapport P qui, par définition, sera :

$$P = \frac{dp}{d\omega}$$

2° Une *surface de niveau* est une surface quelconque d'une masse fluide en équilibre pour laquelle tous les points supportent la même pression.

3° On appelle *centre de pression* le point d'application

de la résultante de toutes les pressions élémentaires qui agissent sur une paroi plane ; il est situé plus bas que le centre de gravité de la portion de surface considérée et sa distance z au niveau du liquide résulte de l'expression

$$z = \frac{J}{\omega x}$$

J = moment d'inertie de la surface ω par rapport à la droite de rencontre du niveau avec la paroi ;

z = distance du centre de gravité de cette même surface ω à cette ligne d'intersection.

4° **Principe d'Archimède** : Tout corps plongé dans un liquide éprouve une *poussée* dirigée de bas en haut ; *la poussée est égale au poids du fluide déplacé par le corps et elle est appliquée au centre de gravité du volume de fluide déplacé.*

On exprime encore cette loi en disant que tout corps plongé dans un liquide perd un poids égal à celui du liquide déplacé. Ainsi, en général, si P est la poussée totale éprouvée par un corps de poids absolu q et de densité γ plongé dans un liquide de densité G,

$$P = \frac{qG}{\gamma}$$

Lorsque les poids spécifiques sont égaux, le corps est en équilibre indifférent au sein du liquide ; il restera immobile si le centre de gravité de la masse du corps et le *centre de poussée* sont sur une même verticale. Si la densité du corps est plus grande que celle du liquide, le corps descendra jusqu'à ce qu'il arrive au fond du vase ; mais si le corps est plus léger que le fluide, quant à sa densité totale, la poussée l'emportera sur le poids et le corps montera verticalement jusqu'à ce qu'il émerge du liquide d'une quantité telle que le volume v restant immergé satisfasse à la relation :

$$V\gamma = vG$$

V étant le volume de ce corps.

Ecoulement de l'eau par un orifice. — Lorsque l'eau est en équilibre dans un vase, si on pratique une ouverture dans la paroi de ce vase au-dessous de la surface du liquide, l'équilibre sera troublé. Il y aura alors mouvement de l'eau ou écoulement par l'orifice pratiqué. On ne donne, en pratique, le nom d'*orifice* qu'à une ouverture entièrement recouverte par l'eau.

Quand cette ouverture n'est pas limitée à sa partie supérieure, elle forme ce qu'on nomme un *déversoir*.

On dit que l'écoulement a lieu par un *orifice en mince paroi* lorsque cette paroi a une épaisseur moindre que la moitié de la plus petite dimension de l'orifice et, au plus, de 5 à 6 millimètres.

La distance verticale de la surface de l'eau, dans un vase ou dans un réservoir, au centre de gravité de l'orifice d'écoulement, est ce qu'on nomme la *charge d'eau ;* la vitesse théorique se calcule au moyen de la *formule de Toricelli* (disciple de Galilée) ;

$$v = \sqrt{2gh} = 4{,}43\sqrt{h}$$

On peut aussi utiliser les courbes ci-contre (fig. 802 et 803) pour obtenir à l'échelle les vitesses de l'eau, sous une charge donnée.

Consulter le tableau ci-contre **A** (page 6) ; la valeur de h est

$$H = \frac{v^2}{2g} = 0{,}051\, v^2$$

0m,20
H = 0m,10
0,01
0m,44
v = 44m,30
31m,33
v = 1m,40
1m,98
v = 14m,00
v = 4m,43
0
1m,00
10m
H = 50m
100

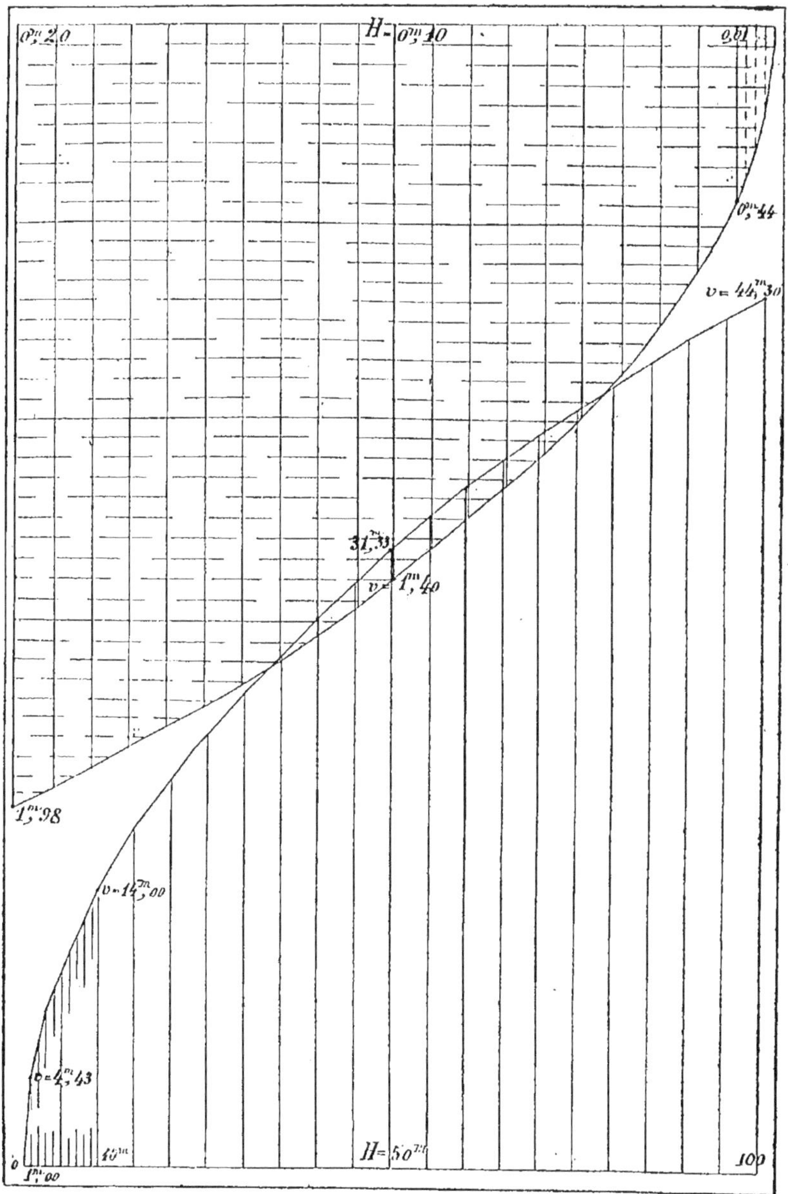

Fig. 802-803.

Quand l'écoulement a lieu par un orifice noyé sur les deux faces, la relation est

$$v = \sqrt{2 \times 9{,}808\,(h\text{-}h')}$$

dans laquelle $(h\text{-}h')$ représente la différence de niveau de l'eau dans les deux biefs ou dans les deux réservoirs.

Débit théorique. — De cette notion de la vitesse dont

Tableau A.

VITESSES THÉORIQUES CORRESPONDANT AUX *hauteurs* H CI-DESSOUS									
H	V	H	V	H	V	H	V	H	V
								mètres	
$0^{m}01$	$0^{m}44$	$0^{m}30$	$2^{m}43$	$1^{m}55$	$5^{m}51$	$6^{m}25$	$11^{m}07$	45	$29^{m}70$
0 02	0 63	0 35	2 62	1 60	5 60	6 50	11 29	50	31 33
0 03	0 77	0 40	2 80	1 65	5 69	6 75	11 51	55	32 85
0 04	0 89	0 45	2 97	1 70	5 78	7 00	11 72	60	34 30
0 05	0 99	0 50	3 13	1 75	5 86	7 25	11 93	65	35 70
0 06	1 09	0 55	3 29	1 80	5 94	7 50	12 13	70	37 06
0 07	1 17	0 60	3 43	1 85	6 02	7 75	12 33	75	38 35
0 08	1 25	0 65	3 57	1 90	6 10	8 00	12 53	80	39 60
0 09	1 33	0 70	3 71	1 95	6 19	8 50	12 92	85	40 85
0 10	1 40	0 75	3 84	2 00	6 27	9 00	13 29	90	42 00
0 11	1 47	0 80	3 96	2 25	6 64	9 50	13 65	95	43 15
0 12	1 53	0 85	4 08	2 50	7 00	10 00	14 00	100	44 30
0 13	1 60	0 90	4 20	2 75	7 35	11 »	14 70	125	49 50
0 14	1 66	0 95	4 32	3 00	7 67	12 »	15 35	150	54 25
0 15	1 72	1 00	4 43	3 25	7 99	13 »	16 00	175	58 60
0 16	1 77	1 05	4 54	3 50	8 29	14 »	16 55	200	62 65
0 17	1 83	1 10	4 65	3 75	8 58	15 »	17 15		
0 18	1 88	1 15	4 75	4 00	8 86	16 »	17 70	225	66 45
0 19	1 93	1 20	4 85	4 25	9 13	17 »	18 25		
0 20	1 98	1 25	4 95	4 50	9 40	18 »	18 80		
0 21	2 03	1 30	5 05	4 75	9 65	19 »	19 30	250	70 00
0 22	2 08	1 35	5 15	5 00	9 90	20 »	19 80		
0 23	2 12	1 40	5 24	5 25	10 15	25 »	22 15	275	73 45
0 24	2 17	1 45	5 33	5 50	10 39	30 »	24 25		
0 25	2 22	1 50	5 43	5 75	10 62	35 »	26 20		
				6 00	10 85	40 »	28 00	300	76 70

l'eau est animée lorsqu'elle s'écoule par un orifice, on déduit :

$$Q' = Sv$$

Q' = volume d'eau qui est dépensé par seconde,
S = section de l'orifice,

$$v = \sqrt{2gh}$$

Débit réel. — Mais le volume réel Q, débité par un orifice, est toujours moindre que le volume Q'; en général, la veine liquide se contracte, à la sortie, sur chacun des bords de l'orifice ; il en résulte que, pour obtenir la dépense effective, il faut multiplier le volume théorique par une fraction m, appelée *coefficient de contraction*, et l'on a :

$$Q = mQ' = mS\sqrt{2gh}$$

$m = 0{,}625$ pour des charges comprises entre 0 m. 30 et 3 mètres avec des orifices en mince paroi ayant 0 m. 01 à 0 m. 20 de hauteur.

Mouvement de l'eau dans les tuyaux. — Admettons qu'un vase a (fig. 804) soit constamment alimenté d'eau à un niveau invariable b; il est muni, sur l'un de ses côtés, de deux appendices qui possèdent des faces horizontales situées au-dessous de cette ligne d'eau b; si l'on y pratique des orifices c et d, l'eau s'échappera par ces ouvertures et montera verticalement jusque près du niveau b. Tout en négligeant la résistance de l'air et autres menues perturbations de l'équilibre, le jet théorique devrait arriver à la hauteur de la ligne d'eau, et cependant il ne s'élève qu'à $0{,}967\ h$.

Il est évident que, en raison de ce que nous avons vu en *Mécanique générale* (Chute des corps), la vitesse avec laquelle le jet passe par les orifices est la même que celle qu'aurait un corps tombant de la hauteur h, conformément à ladite loi de la pesanteur.

Dans les formules ci-dessous, les lettres de référence servent à désigner les principaux éléments dont nous avons besoin :

Q = *volume d'eau* en mètres cubes débité en une seconde ou, s'il est question de durée, pendant le temps t;

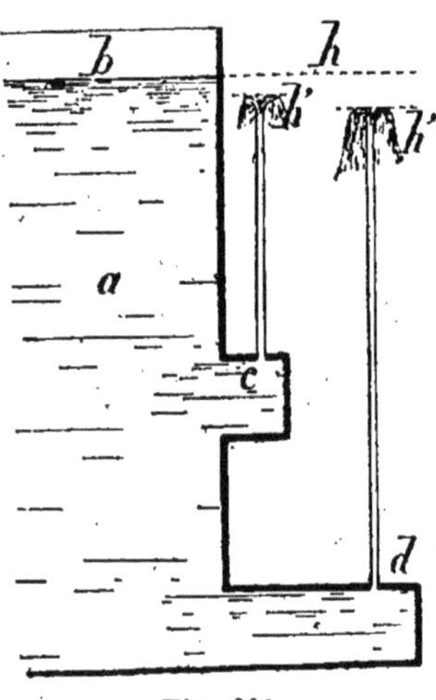

Fig. 804.

h = *charge d'eau* ou hauteur du niveau au-dessus de l'orifice ;

t = *durée* du travail, exprimé en secondes ;

a = *superficie* de l'orifice, en centimètres carrés ;

m = coefficient de *contraction* (sur lequel nous reviendrons dans la suite, pour compléter l'aperçu donné au paragraphe précédent) ;

V = vitesse de l'eau, à son passage à travers l'orifice, en mètres par seconde.

Dans le cas de la figure 804.

$$V = 4{,}43\sqrt{h}$$
$$Q = m \times a \times t \times 4{,}43\sqrt{h} = 2{,}77 \times a \times t\sqrt{h}$$
$$m = 0{,}63$$
$$h' = 0{,}967\,h$$
$$h = \frac{Q^2}{14{,}1\,a^2t^2}$$

Application : Combien de mètres cubes d'eau seront dé-

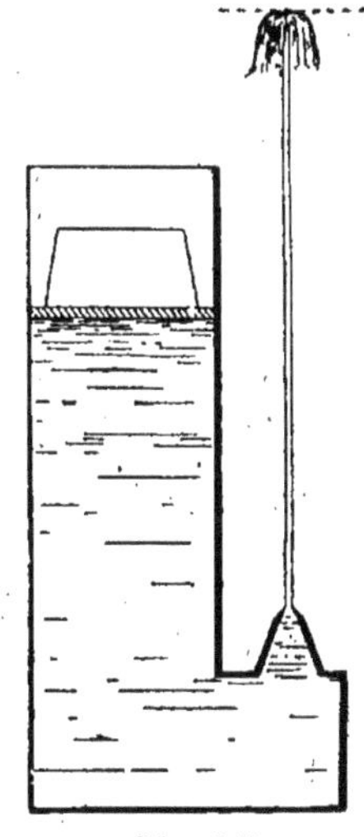

Fig. 805.

bités en 5 minutes par un orifice de 23 cm² 25 ouvert à 2 m. 44 au-dessous du niveau de l'eau?

$$Q = 2{,}77 \times a \times t\sqrt{h}$$
$$Q = 2{,}77 \times 0{,}002325 \times 5 \times 60\sqrt{2{,}44}$$
$$Q = 3\text{ m}^3\,014$$

Dans l'exemple suivant (fig 805), le poids P représente une colonne d'eau dont la hauteur serait

$$h = \frac{P}{A},$$

A étant la surface du tuyau;

$$Q = at\sqrt{\frac{P}{A}}$$

Lorsque l'on adapte à l'orifice d'un réservoir des appendices ou des formes très courtes, appelés *fausses parois*, il est possible de supprimer la contraction dans une certaine mesure et de modifier ainsi le coefficient de dépense.

Pour un ajutage cylindrique extérieur, la dépression subie par la veine liquide, à l'intérieur de l'ajutage, est égale aux trois quarts de la charge effective h; on trouve dans ce cas

$$Q = 0{,}82\, a\sqrt{2gh}$$

Tuyaux de conduite (Voir aussi plus loin). — Quand un liquide s'écoule dans un tuyau, la vitesse diminue en raison du frottement de l'eau contre les parois de ce tuyau ; le frottement subi ou exercé par le liquide est indépendant de la pression qu'il subit ou qu'il exerce; il est proportionnel à l'étendue de la surface mouillée et fonction de la vitesse.

Il produit une perte de charge et Q le débit par seconde.

$$Q = \frac{\pi d^2}{4} u = 0{,}7854\, d^2u$$

d = diamètre intérieur;
u = vitesse moyenne entre deux sections.

D'après Prony, la perte de charge par mètre de longueur d'une conduite en état moyen d'entretien, est

$$J = \frac{4}{d} au + (bu^2)$$

$a = 0{,}000\ 01733$
$b = 0{,}000\ 34826$

Tableau B.

DIAMÈTRES	b_1	DIAMÈTRES	b_1
0m01	0.001801	0.31	0.000548
2	1154	32	547
3	938	33	546
4	830	34	545
5	765	35	543
6	722	36	542
7	691	37	541
8	668	38	541
9	650	39	540
0.10	0.000636	0.40	0.000539
11	624	41	538
12	606	42	537
13	599	43	537
14	593	44	536
15	587	45	535
16	583	46	535
17	578	47	534
18	575	48	533
19	571	49	533
0.20	0.000568	0.50	532
21	566	55	530
22	565	60	528
23	563	65	526
24	560	70	525
25	558	75	524
26	556	80	523
27	554	85	522
28	553	90	521
29	551	95	520
0.30	0.000550	1.00	0.000519

Il existe aussi la formule de Darcy

$$J = \frac{4}{d} b_1 u^2$$

$$b_1 = 0{,}000\,507 + \frac{0{,}000\,01294}{d}$$

que condense le tableau précédent B.

On peut encore, pratiquement, calculer la vitesse et par suite le débit d'un tuyau au moyen de la formule empirique (fig. 806) :

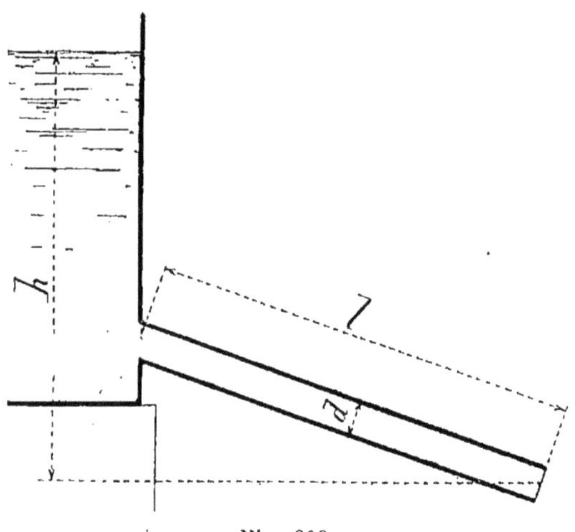

Fig. 806.

$$v = 26{,}6 \sqrt{\frac{dh}{L + 50d}}$$

v = vitesse à la sortie de l, en mètres par seconde.
d = diamètre intérieur,
h = charge d'eau,
L = longueur de la conduite.

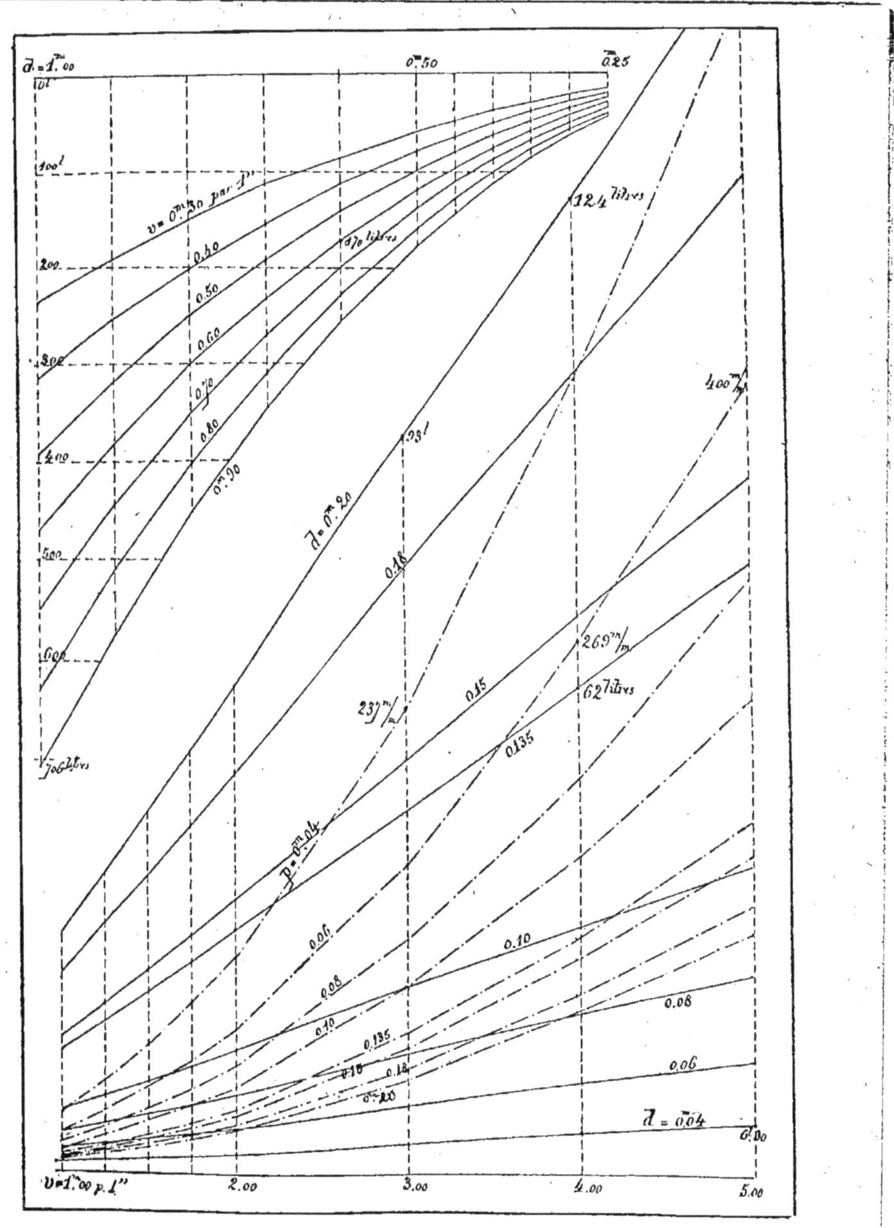

Fig. 807, 808.

2.9 litres
d = 0m,30
d = 0m,25
0,20
21m/m,45
0,18
15hl,30
14l,7
15l,9
0,15
0,135
p = 0m,04
10m/m,72
8m/m,54
0,06
5l,30
0,08
d = 0,10
p = 0,10
8m/m,87
0,135
0,15
0,18
0,20
0,08
d = 0,06
d = 0,04
1l,13
v = 0m,30
v = 0m,60
v = 0m,90

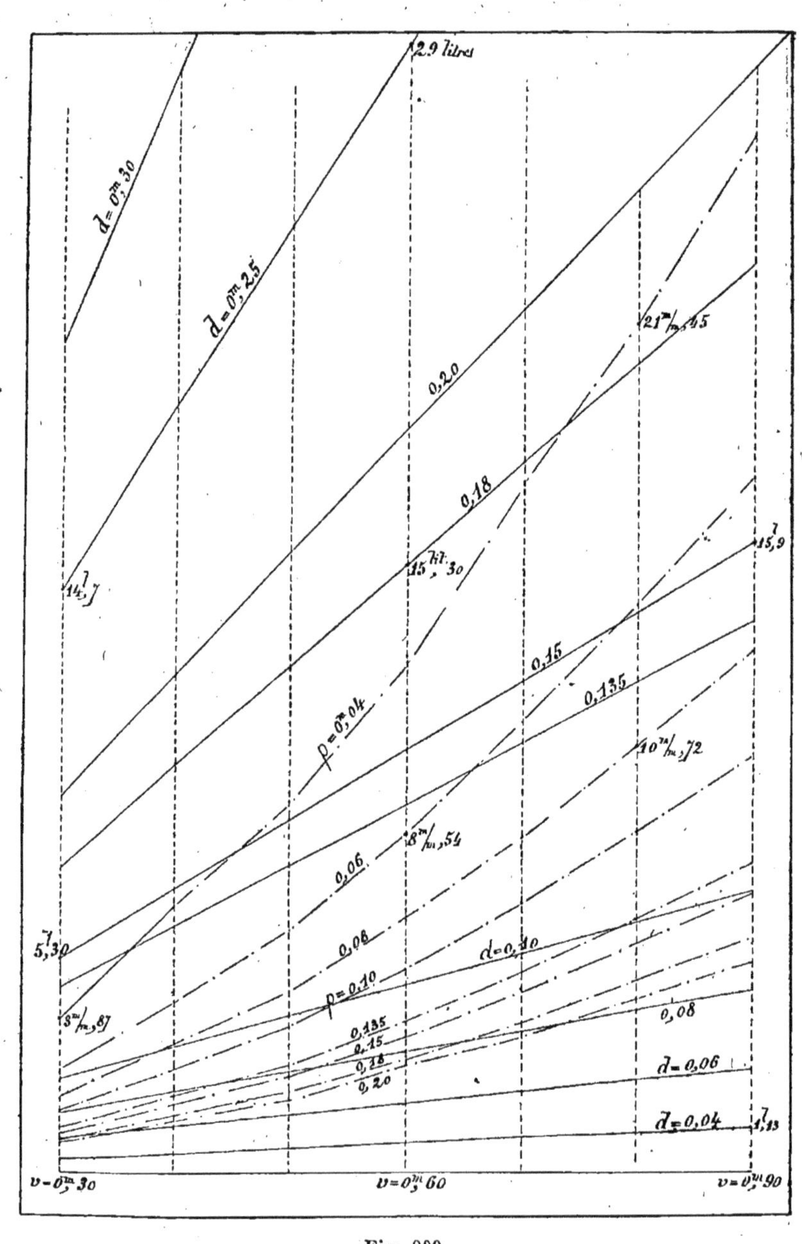

Fig. 809.

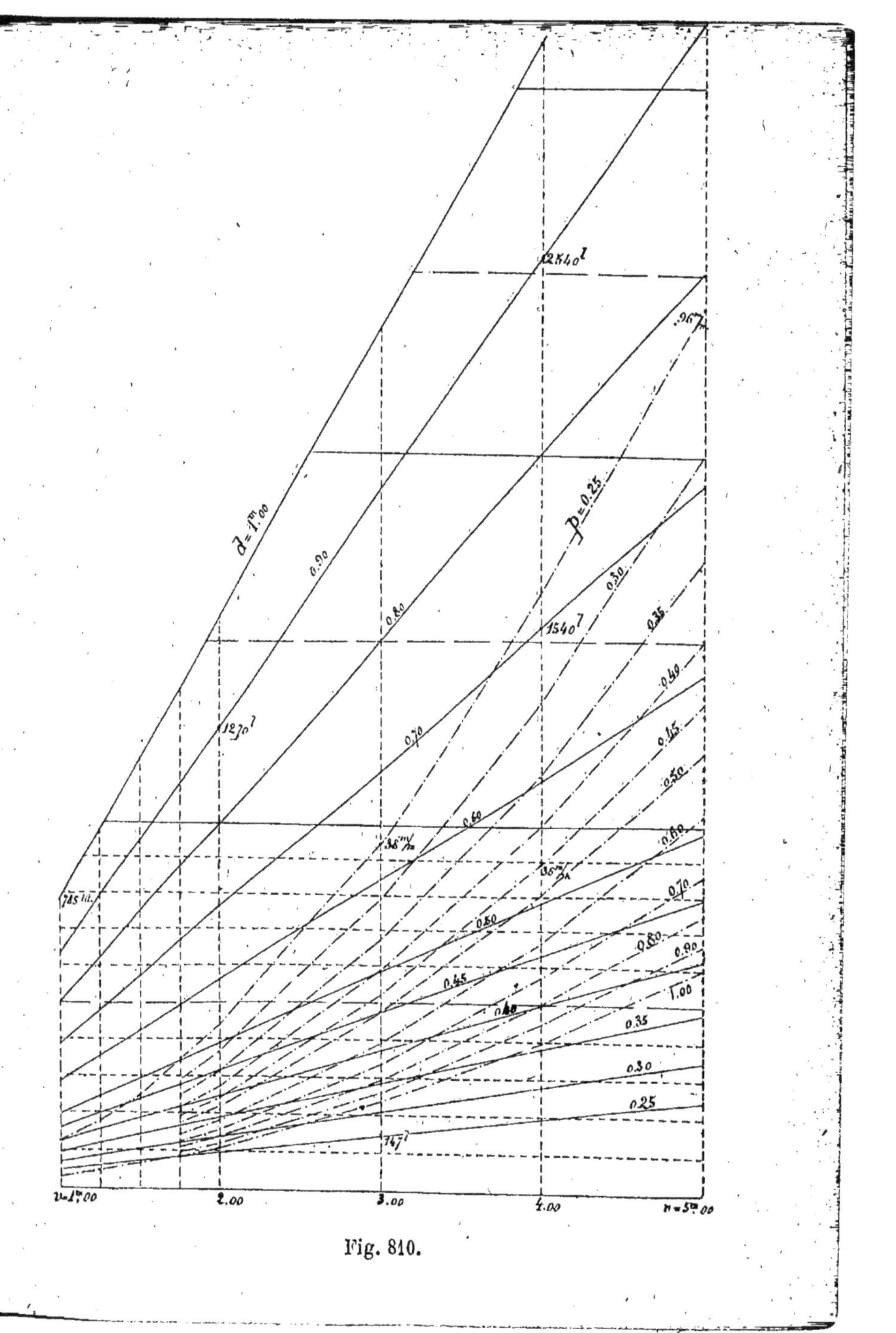

Fig. 810.

Application : Quelle sera la vitesse de l'eau, à la sortie d'un tuyau de 0 m. 135 de diamètre intérieur, en état d'entretien courant, ayant 20 m. 75 de long, sous une pression de 2 m. 50 d'eau ?

$$v = 26{,}6 \sqrt{\frac{0{,}135 \times 2{,}50}{20{,}75 + (50 \times 0{,}135)}} = 2 \text{ m. } 93 \text{ par seconde.}$$

Les courbes représentées figures 807, 808, 809, 810, donnent les débits et les pertes de charge pour diverses vitesses d'écoulement.

Mouvement de l'eau dans les cours d'eau. — Jauger un cours d'eau, c'est en déterminer le débit pendant l'unité de temps, c'est-à-dire une seconde ; le volume débité par un cours d'eau est donc égal à la surface de la section mouillée multipliée par la vitesse moyenne ou, en d'autres termes, par l'allongement qu'acquiert le prisme liquide en une seconde de temps.

On admet, après de nombreuses expériences, que la vitesse moyenne oscille entre 0,75 et 0,87 de la vitesse de l'eau à la surface ; il s'agit donc d'abord de déterminer cette dernière, dont on prendra les 0,80 comme approximation suffisante.

La formule de Prony sert quelquefois dans ce but :

$$\mathrm{RI} = au + bu^2 ;$$

il faut, pour cela, trouver sur le parcours de la rivière une longueur de 300 à 500 mètres où la section soit à peu près constante et la pente uniforme ; un profil transversal fournit la section et le périmètre mouillé ;

$$\mathrm{R} = \frac{\text{surface de la section}}{\text{périmètre}}$$

et, par nivellement, on détermine $I =$ pente par mètre.

On déduit donc u de la formule de Prony et, par conséquent, le débit qui est le produit de u par la surface du profil.

Cependant, dans le cas le plus général, la section n'est pas constante et on est alors astreint à relever un certain nombre de profils en travers équidistants, dont on fait la moyenne en divisant la somme des surfaces par le nombre des sections ; on procède de même pour le périmètre mouillé et on revient ainsi au cas précédent.

La vitesse de la surface s'obtient encore par procédés directs, dont le plus simple est le jaugeage par flotteurs ; on jette, dans le fil de l'eau, des corps flottants quelconques, tels que des disques en chêne ou autres bois d'une densité peu inférieure à celle de l'eau, afin que la vitesse de flottaison ne soit pas altérée par l'action du vent. On observe alors, avec une montre à secondes, le temps que ces flotteurs mettent à franchir une distance, que l'on aura prise aussi étendue que possible, sur la partie la plus régulière du cours d'eau. On divise ensuite l'espace parcouru par le temps exprimé en secondes et le quotient donne la vitesse à la surface. Il faut avoir soin de répéter plusieurs fois l'expérience.

Un second moyen consiste à substituer, aux disques ou aux bouteilles immergées dont il vient d'être question, un moulinet ou roue très légère dont les palettes trempent faiblement dans l'eau ; on multiplie le nombre de révolutions que cette roue fait en une minute, par exemple, par le développement de sa circonférence moyenne, celle qui correspond au milieu de la partie plongée. Le produit exprime évidemment la distance parcourue en une minute et, en divisant par 60 secondes, on a la vitesse du courant à la surface par seconde.

Le *moulinet de Woltmann* est un perfectionnement du

précédent ; la roue tourne et met en marche, par embrayage, un compteur dont on observe simplement le nombre de révolutions par minute ; d'après les nombreux essais faits avec cet instrument, on en établit la tare et on a, en général, une relation de la forme

$$V = a + bn$$

où a et b sont déterminés en expérimentant le moulinet dans un courant d'eau de vitesse connue ; on obtient de la sorte la longueur représentative correspondante ; d'ailleurs, dans la plupart des instruments, a est très petit et on se sert souvent seulement de

$$V = bn$$

Le *tube de Pitot* est creux et terminé inférieurement

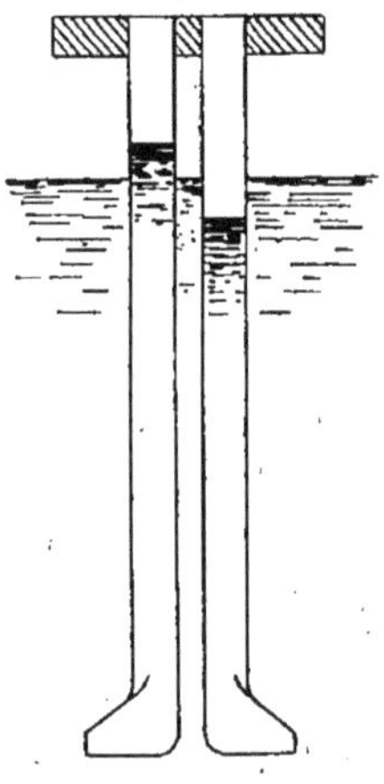

Fig. 811.

par un sabot ayant un orifice de 1 à 2 millimètres ; en l'orientant, il reçoit la pression vive de l'eau qui va ainsi s'élever à une plus grande hauteur à l'intérieur ; d'après la tare préalablement faite de l'instrument, on en déduit la vitesse.

Tableau C.

VITESSES MOYENNES	R I	VITESSES MOYENNES	R I
0m01	0.0000005	0m55	0.0001180
2	0.0000010	60	1380
3	16	65	1596
4	23	70	1827
5	30	75	2073
6	38	80	2335
7	46	85	2613
8	55	90	2906
9	65	0 95	3214
0 10	75	1 00	3538
15	0.0000136	1 25	5389
20	213	1 50	7626
25	304	1 75	0.0010251
30	412	2 00	13262
35	534	2 25	16659
40	673	2 50	20443
45	828	2 75	24614
50	996	3 00	29172

Le *tube de Darcy* (fig. 811) consiste en un tube de Pitot à côté duquel on place un tube en sens inverse ; l'intérieur est badigeonné avec une substance qui puisse garder trace du niveau atteint par l'eau. Par suite de la dépression sur le tube d'aval, il y a également dénivellation d'ordre contraire, et le total des écarts des niveaux est presque double de ce que l'on constate dans un seul tube ; la sensibilité est donc presque doublée ; pour s'en servir, on produit un vide relatif par succion, de sorte que les deux niveaux, tout en gardant leur distance, apparaissent au-dessus de l'eau.

La table ci-avant C, relative au mouvement de l'eau dans les canaux et rivières, a été obtenue en donnant différentes valeurs à RI dans la formule approximative

$$V = 56,86\sqrt{RI} - 0,072$$

L'application de cette table sera facilitée par un exemple : admettons que nous voulions connaître le débit d'un cours d'eau régulier dont la pente est de 0 m. 00035, la section transversale moyenne de 6 mètres carrés et le périmètre mouillé de 8 mètres.

$$R = \frac{6,00}{8,00} = 0 \text{ m. } 75$$

$$RI = 0,75 \times 0,00035 = 0,0002625$$

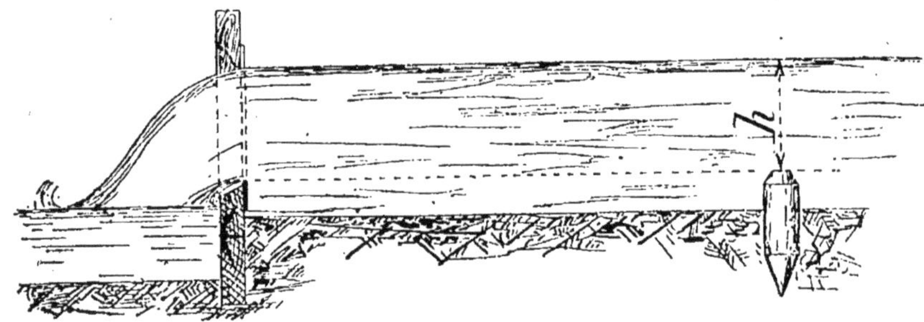

Fig. 812.

En nous reportant à la table ci-dessus, ce chiffre est compris entre 0,0002613, pour lequel $V = 0,85$, et 0,0002906 correspondant à $V = 0,90$.

Le volume débité par seconde est donc approximativement :

$$Q = 0,85 \times 6,00 \doteq 5 \text{ m}^3\ 100$$

Ruisseaux (fig. 812). — Pour de petits débits, on procède avec assez d'exactitude et de rapidité en construisant un barrage en travers du cours d'eau ; à la partie haute on pratique une ouverture en déversoir ayant b et h comme dimensions et on fait usage de la formule

$$Q = 1{,}77\, bh^{\frac{3}{2}}$$

b étant la largeur et h l'épaisseur de la lame d'eau en mince paroi.

Le tableau D ci-après a été calculé en supposant $b = 1$.

Tableau D.

VALEURS DE			
H	$1.77\ H^{\frac{3}{2}}$	H	$1.77\ H^{\frac{3}{2}}$
0.01	0.00177	0.23	0.19594
2	499	24	20797
3	918	25	22125
4	0.01416	26	23452
5	1965	27	24813
6	2601	28	26225
7	3274	29	27642
8	4000	30	29084
9	4779	35	36651
0.10	5593	40	44778
11	6443	45	53431
12	7345	50	62579
13	8284	55	72197
14	9257	60	82263
15	0.10283	65	92756
16	11328	70	1 0366
17	12390	75	1 1496
18	13505	80	1 2666
19	14656	85	1 3871
20	15824	90	1 5112
21	17009	95	1 6389
22	18231	1 00	1 77

Application. — Pour déterminer, au moyen de cette table, le débit réel d'un ruisseau, il suffit de multiplier, par la largeur exacte du déversoir, la quantité qui correspond à h, hauteur d'eau observée ; ainsi, pour un déversoir en minces parois ayant

$$b = 0 \text{ m. } 80$$
$$h = 0 \text{ m. } 40$$

nous aurons, pour la quantité d'eau par seconde,

$$Q = 0{,}44778 \times 0{,}80 = 0 \text{ m}^3\ 358$$

Le mode de jaugeage le plus précis et qui est généralement accepté lors des transactions ou des expériences, est celui par déversoir en mince paroi ; il demande de la pratique et beaucoup de soins ; aussi consultera-t-on avec intérêt, chaque fois qu'on en aura besoin, les courbes que nous avons tracées figures 813 et 814.

On dispose, en travers du cours d'eau, une pièce de bois ou une forte planche, échancrée selon les circonstances, obligeant tout le liquide à passer sur sa crête, posée bien à niveau et taillée en chanfrein ; pour la largeur on fait aussi des biseaux et, de préférence, on les confectionne métalliques.

Puis, sur un piquet planté dans le ruisseau, de 1 à 2 mètres en amont et parfaitement de niveau avec la base du rectangle d'écoulement, on mesure h avec tout le soin possible ; si on se plaçait plus près, cette hauteur serait moins exacte, à cause de la dépression subie par la surface à l'approche du déversoir.

En rapportant h sur les courbes, on obtiendra, sur l'ordonnée correspondante, le nombre de litres qui s'écoulent en une seconde pour 1 mètre de largeur de l'orifice ; dans

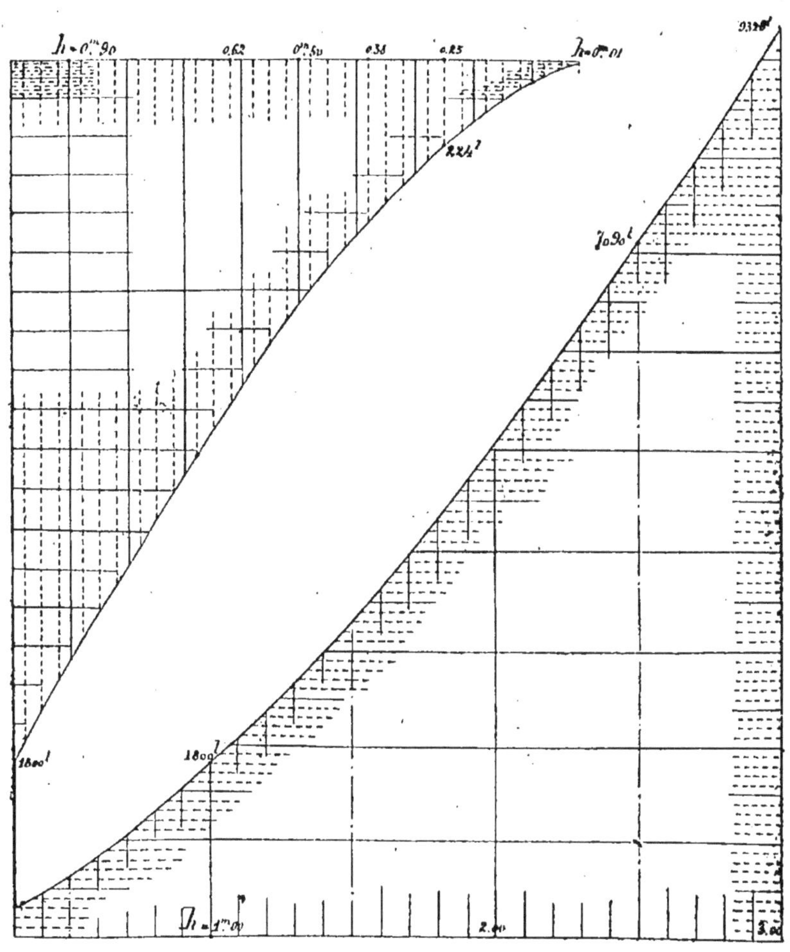

Fig. 813, 814.

le cas de l'exemple cité il y aurait donc lieu de multiplier le résultat trouvé par 0,80.

Déversoirs en maçonnerie. — Leur débit se calcule par la formule

$$Q = 0{,}405\ lh\sqrt{2gh}$$
$$= 1{,}80\ lh\sqrt{h}$$

Supposons que l (la largeur du déversoir) soit pris égal à l'unité ; nous pourrons alors établir le débit Q pour une série de hauteurs ; c'est dans cet esprit que le tableau suivant E a été calculé ; comme précédemment, pour déterminer le volume débité par un déversoir, on multipliera la largeur par le nombre qui est indiqué en regard de h.

Application : Soit un déversoir en maçonnerie d'une largeur de 3 mètres ; on recherche le débit qui correspond à une épaisseur de lame d'eau de 0 m. 20. Il est à remarquer qu'il faut entendre par lame d'eau la différence de niveau qu'il y a entre le *seuil* ou arête inférieure du déversoir en mince paroi et la surface à peu près horizontale de l'eau dans le *bief* d'amont, à l'endroit où l'écoulement ne se fait plus sentir sous l'aspect d'une dénivellation.

Cherchant dans la table suivante le coefficient afférent à 0 m. 20, nous trouvons, en regard, 0,16045 ; il suffit de le multiplier par 3 mètres, largeur du déversoir, pour déterminer le débit exact

$$Q = 0{,}16045 \times 3{,}00 = 0 \text{ m}^3\ 481$$

Il peut arriver que des obstacles ne permettent pas de déterminer très exactement la différence des niveaux ; on mesure en ce cas l'épaisseur de l'eau sur le déversoir ; on l'augmente de 25 pour 100 et l'on obtient ainsi une hauteur d'eau suffisamment approchée.

Tableau E.

h	COEFFICIENTS DE DÉBIT	h	COEFFICIENTS DE DÉBIT	h	COEFFICIENTS DE DÉBIT
0m01	0.00179	0m31	0 310	0m65	0.94
2	507	32	325	70	1.05
3	932	33	340	75	1.17
4	1435	34	356	80	1.28
5	2005	35	371	85	1.41
6	2636	36	387	90	1.53
7	3322	37	404	95	1.66
8	4059	38	420	1 00	1.79
9	4843	39	437	1 10	2.07
0.10	0.05672	0.40	0.454	1 20	2.36
11	6544	41	471	1 25	2.50
12	7457	42	488	1 30	2.66
13	8408	43	506	1 40	2.97
14	9397	44	524	1 50	3.30
15	10420	45	542	1 60	3.63
16	11481	46	560	1 70	3.98
17	12574	47	578	1 75	4.15
18	13700	48	597	1 80	4.33
19	14857	49	615	1 90	4.70
0 20	0.16045	0.50	0.634	2 00	5.07
21	1726	51	653	2 10	5.46
22	1851	52	673	2 20	5.85
23	1979	53	692	2 30	6.25
24	2109	54	712	2 40	6.67
25	2242	55	732	2 50	7.09
26	238	56	752	2 60	7.52
27	252	57	772	2 70	7 96
28	266	58	793	2 80	8.41
29	280	59	813	2 90	8 86
0 30	0.295	0.60	0.834	3 00	9.32

Si, par exemple, l'épaisseur de lame n'est que de 0 m. 16 sur le déversoir, on fait $h = 0{,}16 + \frac{0{,}16}{4} = 0{,}20$ dont on se sert dans les calculs.

Pouce d'eau. — Le pouce de fontainier est un orifice circulaire de 27 millimètres 07 pratiqué en mince paroi et qui donne un débit de 19 m³ 195 par 24 heures ; dans sa définition la plus générale, c'est une veine d'eau passant dans un trou circulaire de un pouce de diamètre, percé dans un réservoir où le niveau est maintenu tel qu'il est constamment tangent à la partie supérieure de l'orifice, de façon à produire une charge d'eau la plus petite possible.

Déversoirs complets et déversoirs incomplets. —

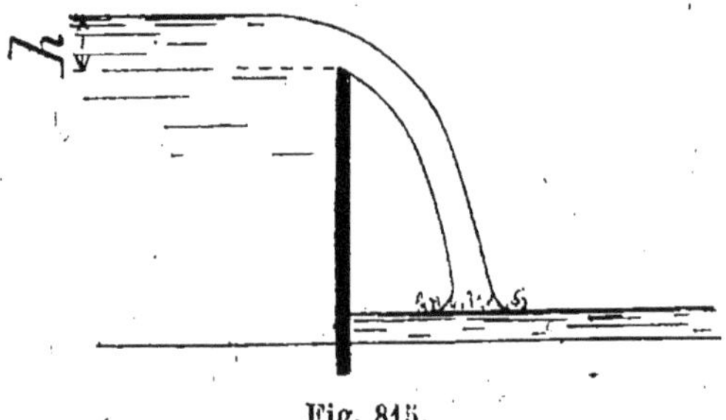

Fig. 815.

On les désigne ainsi parce qu'ils ont le même sens que la contraction de la veine liquide qui s'écoule plus ou moins

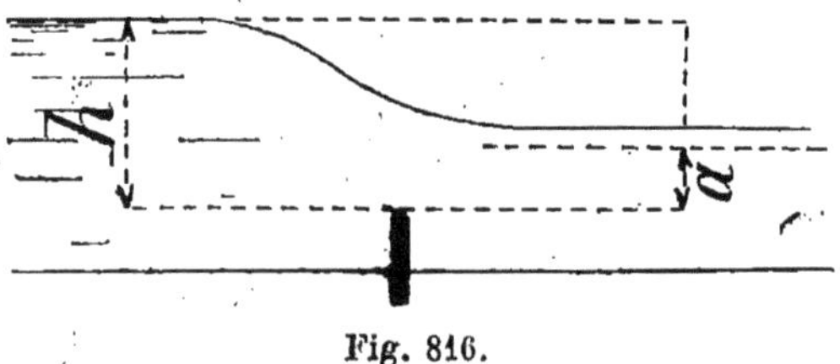

Fig. 816.

librement ; en figure 815, le déversoir est complet, tandis qu'il est incomplet en figure 816.

Les formules usitées dans chacun de ces cas sont :

$$Q = 0,57\ bh\sqrt{2gh}$$

$$Q = 0,57\ bh\sqrt{2gh} + 0,62\ ba\sqrt{2gh}$$

Vannes d'usines et Barrages. — Dans les canaux la pente varie de 0 m. 001 à 0 m. 002 par mètre pour les canaux de dérivation et de 0 m. 003 à 0 m. 004 pour ceux de fuite. D'après ce que nous avons dit ci-dessus, un barrage est un déversoir complet quand le seuil est au-dessus du niveau d'aval ; il est un déversoir incomplet si le seuil est au-dessous de ce niveau.

Darcy et Bazin ont reconnu par expériences directes que la vitesse moyenne varie avec la nature des parois des canaux ; on a groupé ceux-ci en quatre catégories pour chacune desquelles ils ont donné les formules ci-dessous où le rayon moyen $R = \dfrac{\text{section}}{\text{périmètre}}$, I la pente et v la vitesse, qu'il est facile de calculer.

1° Parois très unies, telles que ciment lissé, bois raboté, etc. :

$$\frac{RI}{v^2} = 0,000\ 15 \left(1 + \frac{0,03}{R}\right)$$

2° Parois unies, pierre de taille, brique, planches, ciment mélangé de sable ou autre :

$$\frac{RI}{v^2} = 0,000\ 19 \left(1 + \frac{0,07}{R}\right)$$

3° Parois peu unies, comme la maçonnerie de moellons :

$$\frac{RI}{v^2} = 0,000\ 24 \left(1 + \frac{0,25}{R}\right)$$

4° Parois en terre, c'est-à-dire parois naturelles :

$$\frac{RI}{v^2} = 0,000\,28\left(1 + \frac{1,25}{R}\right)$$

Ainsi que nous le verrons plus loin, pour ménager la chute dans les canaux d'usine, on doit rendre la pente aussi faible que possible, mais telle cependant qu'il n'y ait pas formation de dépôts ; si, lors des faibles crues, la rivière charrie des limons ou des sables légers, il faut que la vitesse soit de 0 m. 20 à 0 m. 25 dans le premier cas et de 0 m. 40 dans le second. Dans les conditions ordinaires, v varie de 0 m. 25 à 0 m. 30, si toutefois le sol peut résister à ces vitesses.

Pour employer un courant d'eau comme moteur, on le fait arriver sur le récepteur, auquel il doit imprimer une certaine action ou mouvement, par une ouverture ordinairement quadrangulaire, pratiquée dans un barrage vertical ou incliné.

On fait varier cette ouverture, selon les besoins, au moyen d'une porte à coulisse qui se lève ou se baisse à volonté et que l'on nomme une *vanne*. Quand des orifices de cette nature sont placés verticalement, leur plan formant un angle droit avec la surface de l'eau dans le *réservoir de retenue*, et que leur seuil est très près du radier d'amont, la dépense se calcule par la formule

$$Q = 0,625\, bl\sqrt{19,62h}$$

b = ouverture verticale ;
l = largeur de l'orifice ;
h = charge sur le centre, laquelle est égale à la charge totale sur le seuil moins $\frac{b}{2}$.

Si les vannes sont inclinées, il y a une contraction qui, d'après les expériences de Poncelet, correspond à

0,74 pour inclinaison de 1 de base sur 2 de hauteur

0,80 » 1 » 1 »

Le tableau suivant F a été établi en donnant à h différentes valeurs pour une section supposée égale à 1.

Tableau F.

CHARGE SUR LE CENTRE DE L'ORIFICE	COEFFICIENT DE DÉBIT	CHARGE SUR LE CENTRE DE L'ORIFICE	COEFFICIENT DE DÉBIT	CHARGE SUR LE CENTRE DE L'ORIFICE	COEFFICIENT DE DÉBIT
$0^{m}05$	0 6187	$0^{m}72$	2.35	$2^{m}50$	4.38
0 10	0 8754	75	2.40	60	4.46
12	0.959	78	2.44	70	4.55
15	1.072	0 80	2 48	80	4.63
18	1.174	82	2.51	90	4 71
0 20	1.238	85	2.55	3 00	4.80
22	1 298	88	2.60	10	4.88
25	1.384	0 90	2.62	20	4 95
28	1.468	92	2 65	30	5 03
0 30	1.516	95	2.71	40	5.10
32	1 566	98	2.74	50	5.18
35	1.637	1 00	2.77	60	5.25
38	1 706	10	2.90	70	5.33
0 40	1.751	20	3.03	80	5.40
42	1.797	30	3.16	90	5.47
45	1.857	40	3 28	4 00	5.54
48	1.918	50	3.39	10	5 62
0 50	1.958	60	3.50	20	5.67
52	2.00	70	3.61	30	5.74
55	2.05	80	3.71	40	5.81
58	2.11	90	3.82	50	5.87
0 60	2.14	2 00	3.92	60	5.94
62	2.18	10	4.01	70	6.00
65	2.23	20	4.11	80	6.07
68	2.28	30	4.20	90	6.13
0 70	2 32	40	4.29	5 00	6.19

Comme application de l'usage de ce tableau, cherchons le débit d'une vanne, de 1 m. 30 de large entre potilles, supposée levée de 0 m. 49 au-dessus du seuil alors que la charge d'eau, sur le centre de la section offerte à l'écoulement, est de 3 m. 40. Nous trouvons dans la table, en regard du chiffre 3 m. 40, un coefficient égal à 5,10; le volume d'eau est le produit de ce coefficient par la section ($1^{m}30$ sur $0^{m}49$), soit

$$Q = 5,10 \times 1,30 \times 0,49$$
$$Q = 3m^3,250$$

Les vannes chargées des usines ou les orifices chargés peuvent être utilisés comme moyen de jaugeage (fig. 817); pour cela on donne à la vanne une levée telle que le volume total de l'eau passe par cet orifice; après quelques tâtonnements, il arrive que le niveau d'amont reste absolument constant et l'on est alors absolument certain que la vanne laisse écouler le débit réel.

Pour se servir de la courbe pratique (fig. 818), il est nécessaire de mesurer : 1° les dimensions de la vanne (largeur a et hauteur d'ouverture b); 2° la charge sur le centre de l'orifice h qui, bien entendu, est la différence :

$$h = c - \frac{b}{2}$$

Les deux premières mesures nous donneront la section d'écoulement ($a \times b = S$); à l'aide de la troisième h, on cherchera sur la courbe le débit correspondant D ; enfin,

$$S \times D = Q,$$

formule permettant d'obtenir le débit total Q en litres par seconde.

Coursiers. — On donne ce nom aux ouvrages établis à la suite de la vanne, dans la construction générale de certaines roues ou récepteurs hydrauliques, et dont le but est d'amener directement l'eau dans les augets, de telle ma-

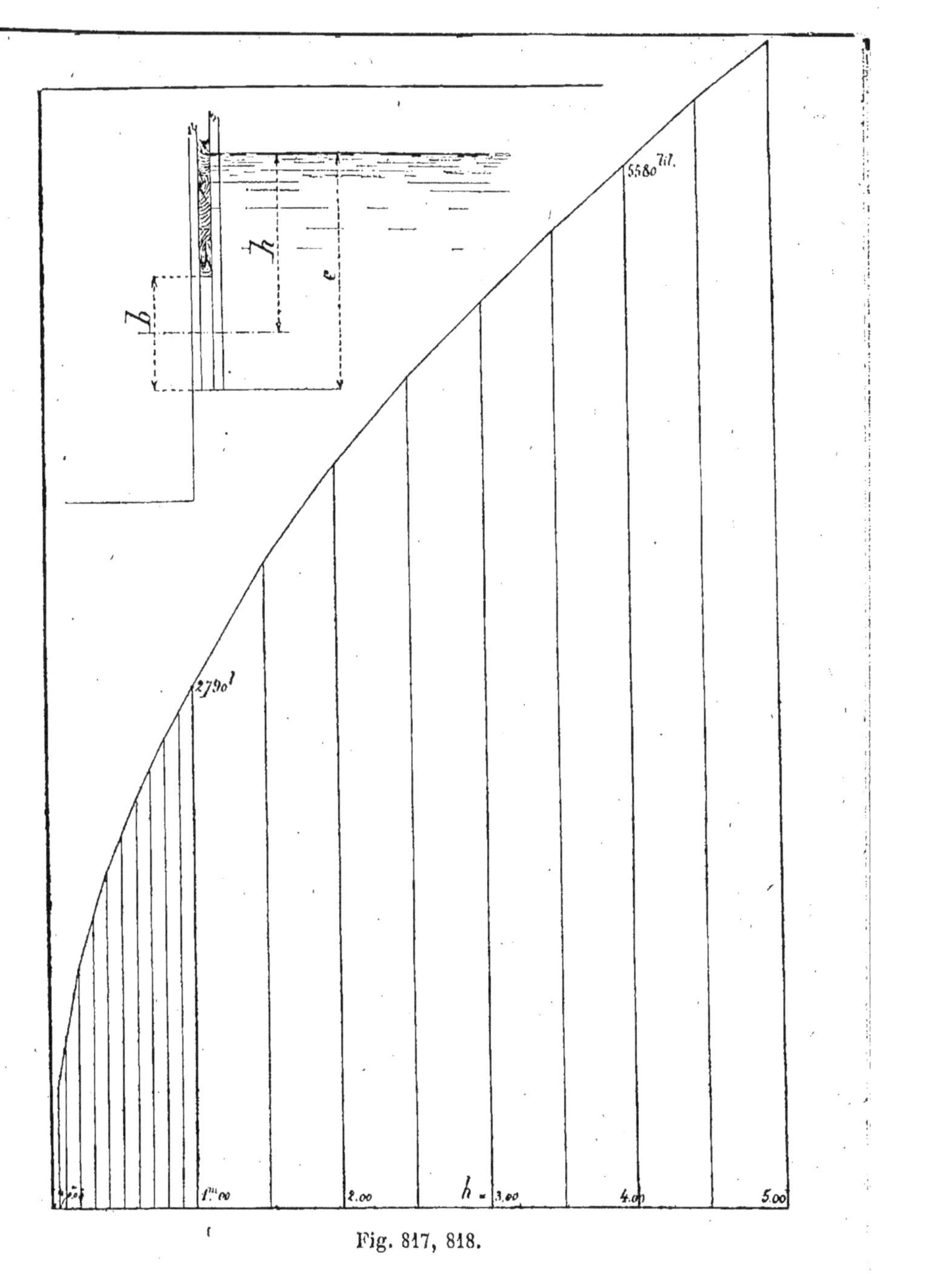

Fig. 817, 818.

nière que la vitesse du liquide soit diminuée après son passage par l'orifice. Ces coursiers sont disposés tantôt horizontalement et tantôt avec une inclinaison.

La formule qui correspond à la majeure partie des cas de la pratique est

$$U = \frac{\sqrt{19{,}62\,h}}{1{,}147}$$

U étant la vitesse en aval de la vanne à une distance comprise entre 1,5 et 2 fois sa plus petite dimension. Choisissons pour exemple une vanne où la charge d'eau sur le centre est de 1 m. 20; la vitesse vers l'origine du coursier sera :

$$U = \frac{\sqrt{19{,}62 \times 1{,}20}}{1{,}147} = 4{,}23$$

Le numérateur, dans cette formule, n'est d'ailleurs que la vitesse théorique $\sqrt{2gh}$.

Cependant, avec une charge un peu forte, il est prudent de n'adopter que 0,85 de la vitesse théorique, surtout si la contraction se produit sur 3 côtés; de sorte que, dans le cas que nous avons choisi, la vitesse réelle ne serait que

$$0{,}85 \times 4{,}852 = 4 \text{ m. } 12$$

au lieu de 4 m. 23.

A l'extrémité d'un coursier dont la longueur est faible mais la pente relativement assez forte pour négliger l'influence de la résistance des parois, on peut employer la formule

$$U' = \sqrt{19{,}62\,(h + h')}$$

h' = pente totale du coursier.

Trajectoire de la veine liquide. — Ainsi que nous le verrons par la suite, il est indispensable de pouvoir tracer la courbe décrite par le filet moyen à sa sortie de la vanne ou des coursiers ; nous allons donc entrer dans quelques détails à ce sujet.

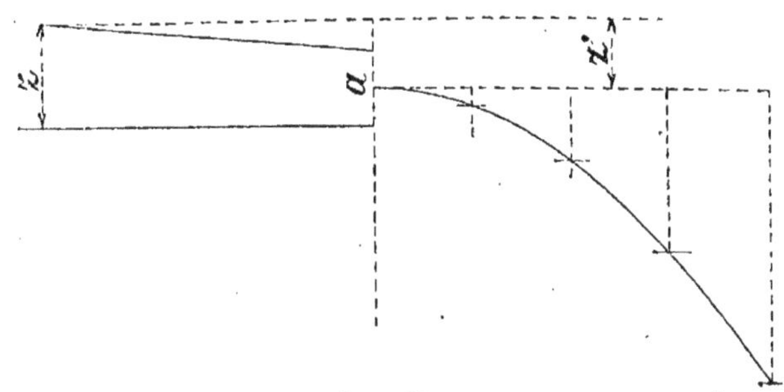

Fig. 819.

Deux cas se présentent pour cette trajectoire du filet moyen selon que le coursier est horizontal ou incliné ; dans le premier (fig. 819), le filet moyen se prend pratiquement à une profondeur $z' = 0,57\ z$ au-dessous du niveau d'amont, z étant l'épaisseur de la lame d'eau qui se mesure entre la crête du déversoir et le point du niveau d'amont où la dénivellation ne se fait pas sentir, soit à 1 mètre environ en amont du point où l'accélération est sensible.

Le filet approximatif moyen passe donc par un point a et c'est à partir de là qu'il décrit une parabole dont les axes sont la verticale et l'horizontale de a; elle se tracera par points, la vitesse en a étant

$$V_0 = \sqrt{2\ gz'}$$

L'équation de la trajectoire est, d'ailleurs,

$$y = \frac{9,81\ x^2}{2V_0^2}$$

et on la tracera en prenant des temps successifs de un dixième, deux dixièmes..... de seconde ; pour chaque point, l'abscisse est donnée par V_0t et l'ordonnée par gt^2; on porte les abscisses x sur l'horizontale.

Un exemple suffira pour permettre de faire cette opé-

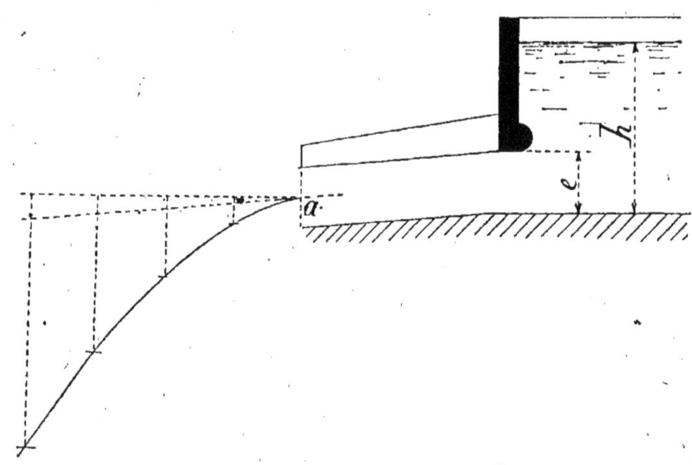

Fig. 820.

ration : adoptons pour x une valeur de 0 m. 10 et pour V_0 celle de 3 mètres; il viendra successivement pour y :

0,10 de a	la hauteur	= 0,0054
0,20 »	»	= 0,0218
0,30 »	»	= 0,049
0,10 »	»	= 0,087

fournissant chaque fois un point de la parabole.

2° Si le coursier est incliné (fig. 820), l'opération à faire n'est plus aussi simple ; les filets liquides, en quittant l'orifice formé par la vanne, ont une vitesse commune

$$V_0 = \sqrt{2g\,(h - 0{,}8\,e)}$$

e = levée verticale de la vanne; ils se meuvent parallèlement au coursier et, à partir de a, le filet moyen décrit une parabole rapportée à la verticale de ce point et à sa tangente inclinée, dirigée parallèlement au coursier.

La valeur des ordonnées y se calcule au moyen de la formule suivante :

$$y = \frac{9,81\ x^2}{2\ U^2 \cos^2 a} + \text{tang. } a$$

dans laquelle U désigne la vitesse *à l'extrémité du coursier* :

a = l'angle formé par la direction de U avec l'horizontale;

x = abscisses mesurées sur une horizontale partant de a;

y = ordonnées verticales à partir de l'horizontale ci-dessus.

Afin d'apprendre à s'en servir en toutes circonstances, il suffit d'en faire immédiatement une application; en outre, le lecteur trouvera ci-après un tableau G donnant les valeurs des angles et cosinus pour des pentes (ou tangentes) par mètre variant de 0.005 en 0,005 de 0 à 0 m. 15.

Admettons U = 3 mètres et $a = 5°25'$, nous obtiendrons successivement pour les coordonnées de la courbe :

0,10 — 0,20 — 0,30 — 0,40
0,0152 — 0,0412 — 0,0793 — 0,1282,

au moyen des calculs suivants, types des opérations à effectuer :

$$1° \quad y = \frac{9,81 \times \overline{0,10}^2}{2\ (3,00 \times 0,995)^2} + 0,10 \times 0,096 = 0,0152$$

Tableau G.

INCLINAISON PAR MÈTRE OU TANGENTE DE L'ANGLE	ANGLE CORRESPONDANT	COSINUS	INCLINAISON PAR MÈTRE OU TANGENTE DE L'ANGLE	ANGLE CORRESPONDANT	COSINUS
0m005	0° 17′	0.9999	0m080	4° 34′	0.9968
0 010	34	9	85	51	4
15	51	9	90	5° 08′	59
20	1° 08′	8	95	25	5
25	25	7	0 100	42	0
30	43	5	105	59	45
35	2° 00′	4	110	6° 16′	40
40	17	2	115	33	34
45	34	0.9989	120	50	29
0 050	51	7	125	71	23
55	3° 08′	5	130	7° 24′	16
60	26	2	135	41	10
65	43	0.9978	140	58	03
70	4° 00′	6	145	8° 15′	0.9896
0 075	17	2	0 150	32	89

$$2^\circ \quad = \frac{9{,}81 \times \overline{0{,}20}^2}{17{,}46} + 0{,}20 \times 0{,}096 = 0{,}0412$$

$$3^\circ \quad = \frac{9{,}81 \times \overline{0{,}30}^2}{17{,}46} + 0{,}30 \times 0{,}096 = 0{,}0793$$

$$4^\circ \quad = \frac{9{,}81 \times \overline{0{,}40}^2}{17{,}46} + 0{,}40 \times 0{,}096 = 0{,}1282$$

CHAPITRE DEUXIÈME

RÉCEPTEURS HYDRAULIQUES

La division que nous allons établir pour l'étude des roues hydrauliques à axe horizontal, dont l'intérêt est quelque peu rétrospectif, est la suivante :

1° *Roues à augets* en dessus, pour chutes de 3 mètres à 12 mètres, selon deux types : avec ou sans tête d'eau;

2° *Roues de poitrine*, pour chute de 2 m. 60 à 4 mètres, où l'eau est introduite entre le sommet et le centre;

3° *Roues de côté*, pour chutes de 1 mètre à 2 m.50, avec ou sans tête d'eau et où l'admission a lieu à hauteur du centre;

4° *Roues en dessous*, pour chutes maxima de 1 m. 25 ;

5° *Roues diverses*, comprenant les roues pendantes, la roue Sagebien, la roue Poncelet, etc.

Celle des roues à axe vertical, ou classe des *turbines*, sera :

1° Turbines à écoulement perpendiculaire à l'axe de l'appareil ;

2° Turbines à écoulement parallèle à l'axe de rotation.

Il n'y a cependant rien d'absolu pour la position de l'axe des turbines car, ainsi que nous le verrons, il s'en construit dont l'arbre est horizontal.

ROUES EN DESSUS

Pour satisfaire aux conditions générales des récepteurs hydrauliques, il faut faire arriver l'eau dans l'auget avec la plus faible vitesse possible et s'arranger pour que la roue tourne lentement; ainsi l'effet de la force centrifuge n'est pas sensible et le liquide reste dans la roue le plus

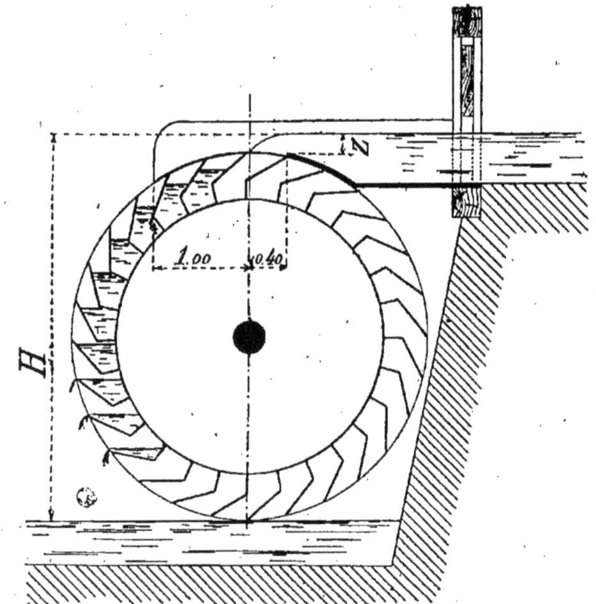

Fig. 821.

longtemps possible, communiquant à celle-ci la totalité de sa puissance.

Les roues à augets, construites dans de bonnes conditions, doivent être considérées comme celles qui donnent un rendement relativement élevé, car elles peuvent recueillir jusqu'à 75 pour 100 du travail absolu de la chute d'eau.

La formule exprimant le rendement utile d'une roue à augets est, en chevaux :

$$T = \frac{0,75 \ QH}{75}$$

Q = volume exprimé en litres par seconde ;
H = hauteur de chute traduite en mètres ;
75 kilogrammètres = 1 cheval-vapeur.

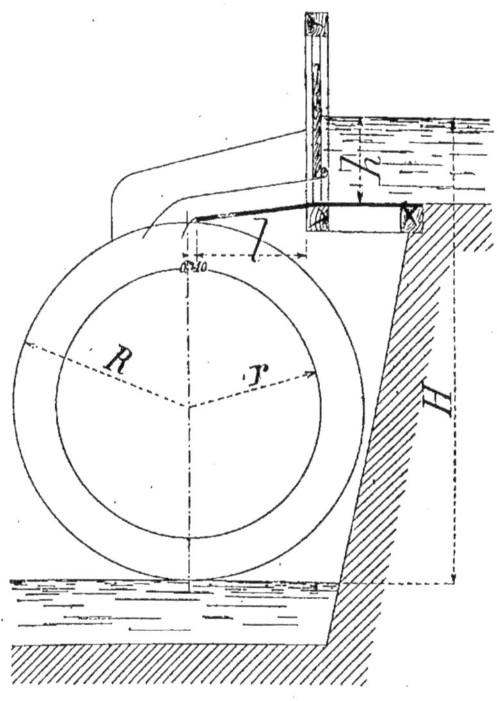

Fig. 822.

On distingue deux types de roues en dessus ; dans le premier (fig. 821), l'eau d'amont est amenée par une *huche* qui forme le prolongement du canal d'arrivée ; l'épaisseur de la lame d'eau est constituée par la hauteur z ; on a donc affaire à un déversoir qui se prolonge de 1 mètre au-delà de la verticale du centre ; le vannage est moindre de 10 centimètres que la largeur de la roue afin d'empêcher la lame d'eau de se déverser latéralement et inutilement. De toutes façons, la vanne doit être entièrement levée pendant le fonctionnement, afin de ne pas déterminer de perte de chute.

Dans le deuxième type (fig. 822), la buche est inclinée de un dixième à un douzième environ et c'est la hauteur h qui est celle de la lame d'eau ; la vanne sert à régler la dépense du liquide de façon à régler la vitesse à 1 m. 50, 2 mètres au plus. En pratique, l'angle que font la vitesse de la roue et celle de l'eau d'arrivée varie de 20 à 30 degrés.

Le premier type est celui qui a un rendement plus élevé, en raison de ce que la tête d'eau est moindre. Les deux roues conviennent pour des chutes de 3 à 12 mètres, mais la première s'applique surtout aux faibles débits car la hauteur d'eau z doit être assez faible : 10 à 20 centimètres ; elle nécessite que le niveau d'amont soit à peu près invariable, 5 centimètres tout au plus ; elle ne doit pas tourner noyée dans le bief d'aval ; c'est une roue lente.

Le deuxième type sera préféré lorsque le niveau d'amont variera et que les différences de niveau atteindront jusqu'à 0 m. 40 ; il ne marche pas non plus noyé ; la roue est moins large que la précédente et elle admet cependant de plus grands volumes d'eau, car la vitesse est plus grande.

Le niveau des plus hautes et des plus basses eaux, dans le réservoir, étant connu, on en déduira facilement la hauteur moyenne. Le fond du réservoir doit se trouver, autant que possible, de niveau avec le seuil de la vanne ; les côtés latéraux de l'orifice doivent se raccorder avec les parois du réservoir par des contours arrondis.

D'habitude, pour les roues à tête d'eau, la tête d'eau h se prend, relativement à la chute :

$$\begin{aligned} h &= 0{,}60 \text{ pour } H = 3 \text{ à } 4 \text{ mètres} \\ &= 0{,}70 \quad » \quad = 4 \text{ à } 6 \text{ mètres} \\ &= 0{,}80 \quad » \quad = 6 \text{ à } 7 \text{ mètres} \\ &= 0{,}90 \quad » \quad = 7 \text{ à } 8 \text{ mètres} \end{aligned}$$

Elle dépend d'ailleurs aussi de l'amplitude des variations du niveau d'amont et doit augmenter à mesure que l'on dépense plus d'eau par mètre de largeur de roue.

La levée de la vanne est de 5 à 15 centimètres.

En appelant e cette levée, la vitesse de l'eau à la sortie de l'ajutage sera :

$$V = \sqrt{2g\ (h - 0{,}8e)}$$

et, pour une roue sans tête d'eau,

$$V = \sqrt{2g \times 0{,}57z}$$

Diamètre de la roue. — Si, de la chute totale, on retranche la charge d'eau sur le seuil de l'orifice, la pente totale du coursier et le jeu à réserver au-dessous (1 centimètre environ), le reste sera le diamètre à adopter.

Vitesse de la roue. — Il y a une grande latitude dans le choix de la vitesse sans que le rendement soit affecté d'une façon notable; 1 mètre est un minimum au-dessous duquel on obtiendrait des roues (volumineuses, coûteuses, de débit irrégulier ; on peut aller jusqu'à 2 mètres pour les petites roues et 2 m. 50 pour les grandes; il faut veiller à ce que la force centrifuge ne chasse pas trop tôt l'eau des augets.

On prend couramment cette vitesse de 1 m. 30 à 1 m. 50.

Augets. — La forme des augets doit être telle qu'ils soient suffisamment couchés sur la circonférence extérieure pour retenir l'eau le plus longtemps possible ; cependant ils sont limités dans cette position par la considération que l'eau ne les choque pas par l'arrière ; le meilleur moyen est de les construire dans la direction de la vitesse relative, c'est-à-dire celle qui est la résultante (*Mécanique générale*) de la vitesse de l'eau d'arrivée et de la vitesse propre de la roue. Dans certaines circonstances on doit même admettre le choc plutôt sur l'avant de l'auget.

On trace (fig. 823) la parabole du jet moyen ; au point de

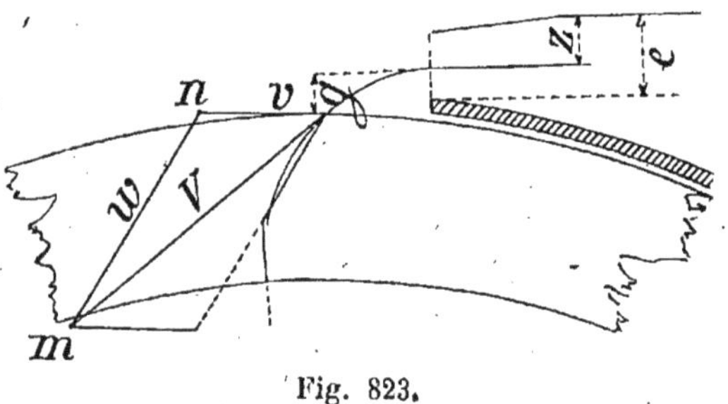

Fig. 823.

rencontre de la roue et de cette courbe, on prend les tangentes ; la tangente à la parabole donne la direction de la vitesse de l'eau d'écoulement dont la grandeur est évidemment égale à la vitesse à la sortie de la vanne augmentée de l'accélération due à la pesanteur :

$$V = \sqrt{V_0^2 + 2gy}$$

Tous les termes seront connus et on portera V sur la tangente à la parabole ; l'autre tangente est la direction de la vitesse de la roue, sur laquelle on portera la vitesse choisie ; puis on joindra *m*, *n*, extrémités des vitesses ci-dessus ; cette ligne représente la direction et la grandeur de la vitesse relative ; par conséquent on l'adoptera pour la direction de la première partie de l'auget ; la deuxième partie suit le rayon de la roue, à partir de la circonférence moyenne.

Pour tracer des augets en tôle (fig. 824), on éviterait les angles du tracé précédent en les confectionnant d'un profil en deux portions d'arcs de cercle ; ayant obtenu la

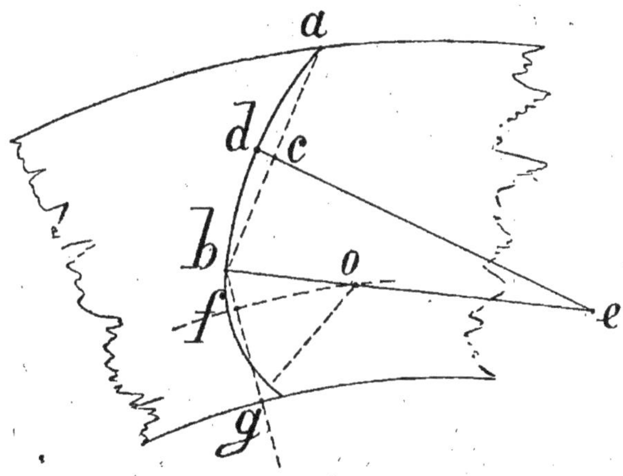

Fig. 824.

première partie par le tracé relatif aux vitesses, ab, on élève une perpendiculaire sur son milieu c ; $cd = \frac{1}{10} ab$ et on fait passer un cercle par adb ; son centre est e. On joint eb, puis partageant bg de façon que $bf = \frac{2}{5} bg$, on fait passer une circonférence, concentrique à la roue, par f ; elle coupe eb en o, que l'on adopte pour centre de la seconde partie de l'auget, son rayon étant, bien entendu, fb.

La profondeur des augets $R - r$ ne doit pas être trop grande, pour que la tête d'eau réelle ne dépasse pas beaucoup soit h soit z; car s'ils étaient trop profonds, on aurait une perte de chute depuis le point de rencontre de la parabole avec la circonférence extérieure jusqu'au niveau de l'eau dans l'auget qui s'emplit. Cette profondeur doit cependant être telle que le maximum du volume d'eau que la roue admet ne remplisse les augets que du tiers environ; on va exceptionnellement, lors des grandes eaux, jusqu'à la moitié si le débit est très variable.

On prend ordinairement $R - r = 25$ à 28 centimètres si l'on n'est pas conduit à l'adoption d'une roue trop large; on va jusqu'à 0,40 dans le cas d'un très grand volume d'eau. L'espacement est égal à la profondeur; quant au nombre des augets, on le choisit multiple du nombre de bras qui n'est pas inférieur à 6; de toutes façons il ne faut pas pratiquer d'évents, car l'eau sortirait par ces ouvertures.

On adapte parfois, au bas de la roue, un coursier ou col de cygne qui a pour but de conserver l'eau dans les augets jusqu'au niveau d'aval; il faut remarquer, en effet, qu'en raison de la rotation, le niveau de l'eau n'est pas horizontal; il obéit à la force centrifuge et, théoriquement, c'est une surface courbe dont le centre de courbure est sur la verticale du centre à une distance $= \frac{g}{\omega^2}$.

Ayant la forme de l'auget, on mène ad de façon à ce que la surface $abcd$ soit proportionnelle à la quantité d'eau qu'il doit contenir (fig. 825); c'est lorsque ad sera horizontal que le déversement sera sur le point de se produire, et sa fin arrivera quand ab sera horizontal à son tour; on détermine par tâtonnements ou par épure le point approximatif où se produit le déversement que l'on conduira jusqu'au moment où ab est horizontal.

Ce col de cygne peut se faire en bois, en métal ou en maçonnerie.

Largeur de la roue. — La largeur à donner entre les joues des couronnes doit être égale à celle de l'orifice augmentée de 0 m. 10. Or, si l'on dispose cet orifice d'après les principes que nous avons fait connaître précédemment, la largeur sera donnée par l'expression suivante :

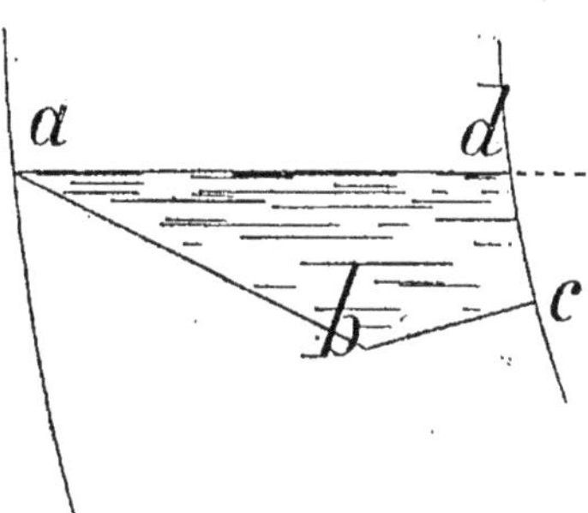

Fig. 825.

$$L = \frac{Q}{0{,}70\, e \sqrt{19{,}62\, h}}$$

Ainsi, en adoptant les données suivantes :

Lame d'eau $e = 0$ m. 10

Charge sur le centre $h = 0$ m. 15

Volume d'eau $Q = 0$ m³. 120 par seconde,

la largeur de l'orifice serait égale à

$$L = \frac{0{,}120}{0{,}70 \times 0{,}10 \times \sqrt{19{,}62 \times 0{,}15}}$$

L = 1 mètre environ.

La largeur de la roue, dans cet exemple, devrait donc, en résumé, être de 1 m. 10.

Si la roue se compose de plusieurs travées, le vannage doit comporter le même nombre de travées, celles-ci étant moindres de 0 m. 10 que celles correspondantes de la roue.

ROUES DE POITRINE

Quand le niveau des eaux dans le réservoir est sujet à d'assez grandes variations, de 0 m. 30 à 0 m. 50, par exemple, il conviendra de disposer un vannage spécial pour que le point d'admission de l'eau se trouve entre l'axe et le sommet de la roue ; on a donné le nom de roue de poitrine à ce genre de récepteur.

Ce système a deux avantages bien marqués : le premier consiste à pouvoir faire tourner la roue dans le sens du courant ; et le second, à lui donner un plus grand diamètre que dans les dispositions précédentes. Ce dernier avantage est d'une certaine importance quand il s'agit d'établir un récepteur hydraulique à marche lente.

Le canal d'arrivée se termine (fig. 826) par une buche en fonte fermée par une cloison inclinée et pourvue d'un certain nombre d'orifices qui constituent le *vannage à persiennes;* ce sont des ajutages à section rectangulaire.

Le diamètre de la roue est supérieur à la chute. On fait aussi usage de ce système quand le niveau d'aval est variable, parce que les augets peuvent être munis d'évents ; on peut faire plonger la roue, en aval, de 10 à 12 centimètres ; il permet de dépasser le volume débité, dans le cas des roues en dessus, par mètre de largeur de roue.

Le filet moyen de la veine liquide doit atteindre la circonférence de la roue au-dessus de son axe à une hauteur égale à la moitié du rayon de la roue. Ce point de rencontre se détermine (fig. 826) de la manière suivante :

On fait $2R = H + 1$ mètre et, comme l'expérience a fait connaître qu'au point *c* déterminé ainsi, l'eau doit être animée d'une vitesse de 3 mètres environ, qui correspond à une hauteur de chute de 0 m. 46, on retombe dans le cas des roues en dessus.

Il faut donc, pour que le vannage soit établi dans de

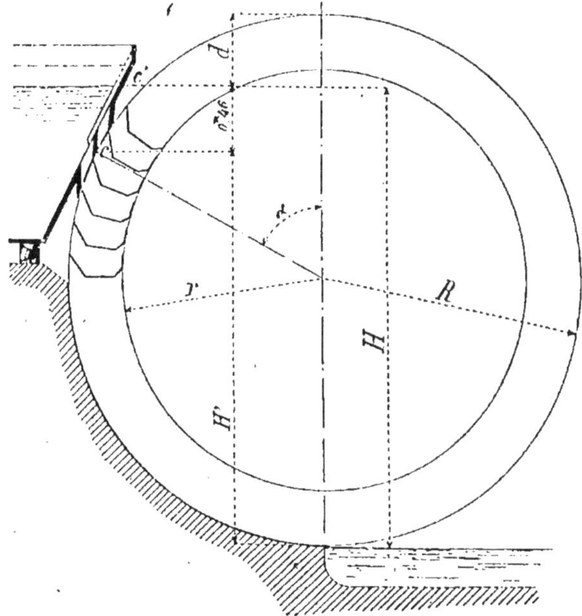

Fig. 826.

bonnes conditions, que les cloisons directrices soient tracées de manière à diriger l'eau pour qu'elle entre sans choc dans les augets et que ces cloisons aient la plus petite épaisseur possible.

Le mouvement de la vanne s'opère suivant un plan incliné.

La vitesse à adopter pour la marche de la roue ne doit pas être inférieure aux deux tiers de la vitesse de l'eau affluante. La vitesse de la roue sera donc, d'après ce que nous avons dit plus haut, de 2 mètres environ.

Dans la majeure partie des cas où il faudra adopter ce système de vannage, il sera toujours prudent de ne démasquer qu'un ou deux orifices au plus, afin que les augets ne se remplissent pas au-delà de la moitié de leur capacité. On comprend, en effet, que du moment que plusieurs orifices sont ouverts en même temps, la vitesse de l'eau qui doit s'écouler par les orifices inférieurs sera supérieure à celle de 3 mètres que nous avons indiquée comme correspondant au maximum d'effet utile.

Il devra en résulter évidemment une petite perte de force vive due au choc que l'on ne peut éviter lorsque l'eau est animée d'une trop grande vitesse.

Tracé des ajutages. — Par le point *c* (fig. 827), où l'eau doit arriver sur la roue avec une vitesse de 3 mètres, on mène une tangente *ecl* à la circonférence extérieure de la roue; on porte à une échelle quelconque, à partir du point *c*, une longueur *ce* représentant la vitesse que doit prendre la roue, soit 2 mètres; on mène ensuite *ef* parallèle à la face de l'auget *cm* et, du point *c* comme centre, avec une ouverture de compas égale à 3 mètres, on décrit un arc de cercle qui vient couper la ligne *ef* au point *f*.

En joignant les points *f* et *c* et en prolongeant au-dessus jusqu'en *g*, par exemple, on aura la direction du filet moyen de la veine liquide. On répétera cette opération deux ou trois fois, dans l'hypothèse du niveau inférieur variant de 10 en 10 centimètres.

On aura ainsi une série de lignes analogues à *fg* qui servira à tracer les cloisons directrices des ajutages; on doit évidemment chercher, autant que possible, à établir ces cloisons selon des directions les plus rapprochées des parallèles à ces lignes.

La plus petite distance entre deux cloisons ne doit être que de 6 à 7 centimètres environ ; la longueur des cloisons au-dessus du plan ik, sur lequel glisse la vanne ab, devra varier de 8 à 15 centimètres ; ces dimensions sont nécessaires pour que l'eau se trouve parfaitement dirigée dans les augets.

Fig. 827.

On calcule la dépense théorique pour chaque orifice en prenant pour la surface de section le produit de la plus courte distance entre deux cloisons par la largeur intérieure du vannage ; et pour la vitesse, celle due à la hauteur verticale comprise entre la surface de l'eau et le milieu de la plus courte distance entre deux cloisons.

Ainsi, en désignant par l la largeur intérieure du vannage, le débit de l'orifice supérieur sera égal à

$$Q = ln\sqrt{2gh}$$

n = dimension transversale.

De même, le débit de l'orifice inférieur

$$Q' = ln'\sqrt{2gh'}$$

On fait la somme des volumes déterminés séparément, on la multiplie par le coefficient 0,75 et le produit est la dépense effective des deux orifices.

Si par exemple,

$l = 0,70$	$h = 0,35$
$n = 0,06$	$h' = 0,55$
$n' = 0,07$	

nous aurons à faire les opérations ci-dessous :

Premier orifice : $Q = 0,70 \times 0,06 \times 2$ m. 62 = 0 m. 110
Deuxième orifice : $Q' = 0,70 \times 0,07 \times 3$ m. 285 = 0 m. 161
0 m. 271

La dépense effective serait 0 m³ 271 × 0,75 = 0 m³ 203.

Si le niveau d'amont ou le volume sont variables, il est nécessaire d'installer plusieurs orifices, chacun d'eux étant tracé indépendamment, de sorte que les ajutages n'auront plus leurs directions parallèles.

On dépasse rarement plus de 3 orifices ; leur largeur selon la normale est comprise entre 6 et 10 centimètres et leur longueur est de une fois et demie environ la largeur ; pour donner à tous les orifices la même dimension, on fait le vannage courbe et concentrique à la roue.

Largeur de la roue. — Elle résulte de la largeur des orifices calculés d'abord comme précédemment ; par exemple, pour un seul orifice on emploiera la formule

$$l = \frac{Q}{0,75\, n \sqrt{2gh}}$$

et pour deux orifices

$$l = \frac{Q}{0,75\,(n + n') \sqrt{2g\,\dfrac{h + h'}{2}}}.$$

En supposant, pour fixer les idées par une application, que nous adoptions les chiffres du paragraphe ci-dessus, avec deux orifices,

$$l = \frac{0,203}{0,75\,(0,06 + 0,07) \sqrt{2 \times 9,81\,\dfrac{0,35 + 0,55}{2}}}$$

$$l = \frac{0,203}{0,29} = 0 \text{ m. } 70$$

La largeur intérieure du vannage l étant 0 m. 70, celle de la roue ou de la travée correspondante, si c'est le cas, sera prise de 0 m. 75 à 0 m. 80.

Augets. – La profondeur des augets est de 0 m. 28 à 0 m. 40; on se rapproche plutôt du maximum, en raison du grand volume d'eau dont est capable ce genre de récepteur; il faudra de plus vérifier si la profondeur des augets, la largeur de la roue et sa vitesse satisfont bien au débit, c'est-à-dire, K désignant le coefficient de remplissage des augets variable de un tiers à un demi, si

$$\frac{Q}{l} = K\,(R^2 - r^2)\,\frac{v}{2R}$$

Il peut se produire que, par cette formule, on trouve pour la profondeur plus de 0 m. 40; c'est qu'alors il y a lieu d'augmenter la largeur de la roue ; on peut dépenser au moins 160 à 170 litres par seconde et par mètre de largeur et, avec $K = \frac{1}{2}$, on peut atteindre 400 litres.

Comme dans les roues en dessus, le nombre d'augets est multiple de celui des bras ; il est indispensable de les munir d'évents, (fig. 828 et 829), car, en effet, l'eau entre verticalement et l'air gênerait cet accès ; ils peuvent

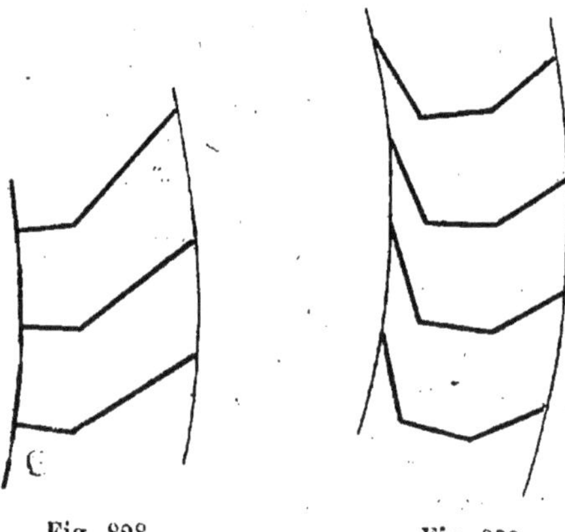

Fig. 828. Fig. 829.

se disposer comme ci-contre, ce qui a fait donner à ceux de la forme 829 le nom de *roue à pots*.

Il faut aussi se préoccuper du déversement anticipé et presque toujours les roues de poitrine sont construites avec un col de cygne en raison de ce que le coefficient de remplissage est plus grand que dans les premières ; on prend la profondeur du canal de fuite telle que la vitesse de l'eau n'y dépasse pas 1 mètre par seconde ; en outre on doit veiller à ce que les augets se vident facilement et que l'on ne perde pas de chute par projection du liquide plus en arrière.

Roues successives. — Il se produit souvent que le débit est très variable ; le rendement qui d'ordinaire est de 65 à 70 pour 100 suivra donc les fluctuations de la dépense d'eau et affectera la puissance du moteur dans la même proportion. On est donc conduit à installer plusieurs roues : l'une à l'étiage et les autres marchant pendant les crues ; le débit se règle par des vannes horizontales (fig. 830).

D'autres fois, on procède par roues étagées en fractionnant la chute sur plusieurs roues ; le canal de fuite de la

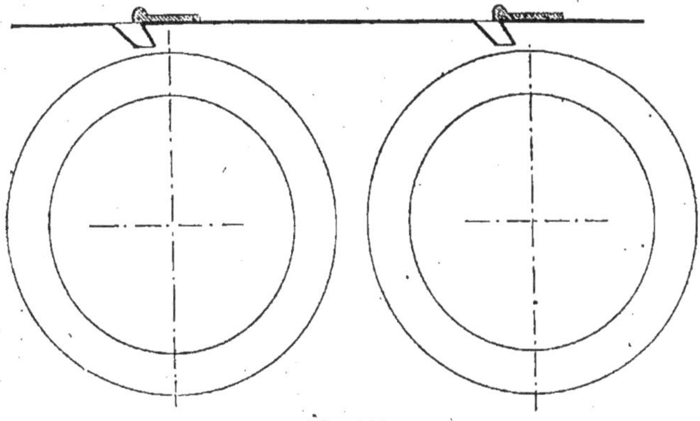

Fig. 830.

première constitue le canal d'amenée de la suivante ; mais dans la plupart des cas, il est préférable d'installer des turbines qui conviennent, ainsi que nous le verrons, tant aux chutes très basses qu'aux chutes élevées.

Roues de côté. — Elles reçoivent l'eau à la hauteur de leur axe ou à un niveau un peu inférieur et conviennent pour des chutes de 1 mètre à 2 m. 50 ; elles sont de deux sortes : les unes sont sans tête d'eau, recevant l'eau pardessus une vanne formant déversoir (fig. 831), tandis que les autres ont un orifice avec charge sur le sommet (fig. 832).

Dans le premier type, le centre est au-dessus du niveau d'amont d'une hauteur comprise entre 50 centimètres et 1 mètre; l'eau est donnée par une vanne plongeante glissant entre des poteaux logés dans le mur ; la vitesse dans le canal d'amenée est de 30 à 50 centimètres par seconde, de sorte que la puissance de l'eau agit non seulement par son poids jusqu'au bas du coursier, mais encore par impulsion acquise.

On conçoit très bien que le travail transmis augmente à

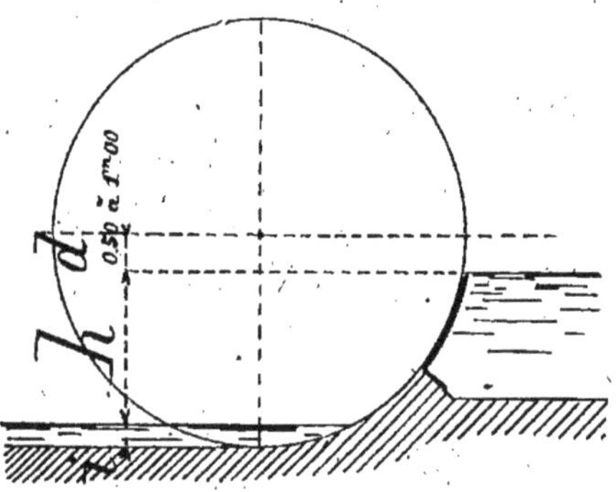

Fig. 831.

mesure que la vitesse de la roue est plus faible et qu'il y a, dès lors, avantage à faire prédominer l'action de l'eau par gravité en réduisant, le plus possible, l'action impulsive ; les roues en déversoir sont donc celles qui doivent donner les meilleurs résultats.

Dans l'un comme dans l'autre cas, l'immersion est égale à la hauteur de l'eau qui est contenue dans l'aubage arrivant à l'aplomb du centre.

Dans les roues du premier type (fig. 831), l'épaisseur z de la lame d'eau doit peu varier; toutefois il y a plus de marge avec une vanne courbe; on l'adopte si le volume d'eau par seconde est constant et si, d'autre part, la résistance de l'usine est constante ; enfin, elle permet d'obtenir le maximum de rendement qui oscille de 70 à 75 pour 100 pour des chutes de 2 mètres à 2 m. 50 et descend à 60 à 75 pour 100 pour celles de 1 m. 20 environ.

Elle présente cependant l'inconvénient d'avoir un volume d'eau plus faible que le deuxième type (fig. 832), par seconde

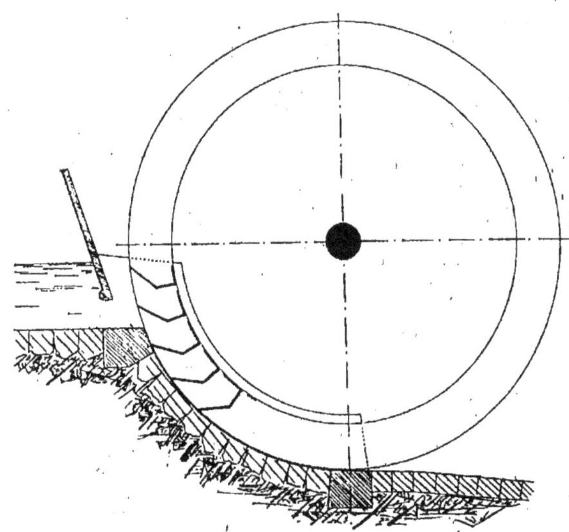

Fig. 832.

et par mètre de largeur ; la roue est donc plus large et plus coûteuse ; en outre, son diamètre est plus grand, tandis que la vitesse circonférencielle est plus petite, 1 mètre à 1 m. 50.

Le type II sera choisi lorsqu'il y a partage du bief entre plusieurs usines au moyen de seuils successifs en-dessous du niveau d'amont ; on fait alors usage de la tête d'eau afin de profiter du plus grand volume débité ; de même on lui accorde la préférence lorsque le niveau d'amont est peu régulier, bien que l'on puisse munir le type I d'un déversoir fermé par une vanne circulaire et marcher avec des variations de 0,25 à 0,30 à l'amont.

Dans le cas de travail irrégulier de l'usine, un laminoir par exemple, il sera bon d'employer le type II; la roue a alors plus de vitesse; enfin, si l'on peut se contenter d'un moindre rendement, en raison d'un excédent de puissance de chute, on construira une roue de ce type qui occasionne moins de dépenses de premier établissement.

Elle est moins large pour la même quantité d'eau et sa vitesse à la circonférence est plus élevée, pouvant atteindre 2 à 3 mètres par seconde; elle fait volant; l'inconvénient capital de ce récepteur réside dans son rendement: 45 à 50 pour 100.

Effet utile. — L'effet utile résulte de la formule

$$P = 797\,Q\left(h + \frac{V\,(\cos a - v)\,v}{9{,}81}\right)$$

h = hauteur comprise entre le point d'introduction et la partie inférieure de la roue;

V = vitesse d'entrée du filet moyen sur la roue, calculée comme il a été dit ci-dessus;

v = vitesse de la roue, à la circonférence extérieure;

a = angle de ces deux vitesses: V et v.

Dans le type II, le coefficient 797 n'est plus que 750. Mais comme l'application de cette formule est peu commode à cause de la présence de Cos a, on pourra employer la suivante dans la pratique:

$$P = \frac{0{,}75 \times Q \times h}{75}$$

h étant la hauteur de chute totale.

Ainsi en supposant :

$Q = 0^{m^3}300.$
$h = 1,90.$

$$P = \frac{0,75 \times 0,300 \times 1,90}{75}$$

$$P = 5 \text{ chevaux } 70$$

Lame d'eau. — Pour les roues sans tête d'eau l'épais-

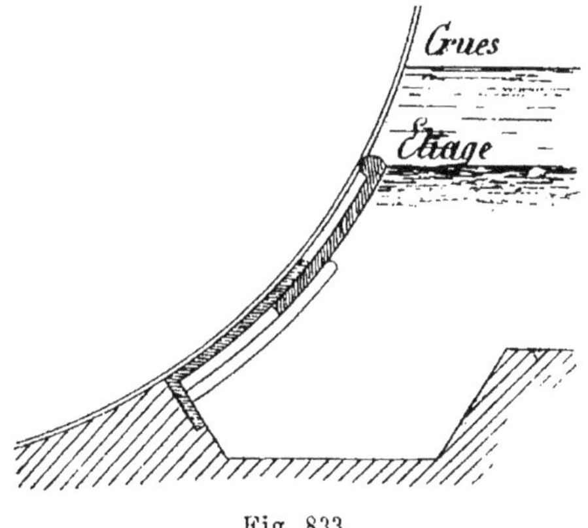

Fig. 833.

seur de la lame d'eau se prend de 0,16 à 0,40 et, à moins de grandes variations dans le débit, il convient de se maintenir entre 0,18 et 0,30.

Nous avons vu tout à l'heure que, pour des niveaux variables, on pouvait utilement employer un vannage courbe (fig. 833) ; c'est qu'en effet il permet d'obtenir une épaisseur égale de la lame d'eau ; la vanne est concentrique à la roue afin qu'elle reste bien à la même distance ; il faut creuser le seuil, et c'est là un inconvénient, afin de pratiquer le logement de la vanne en temps normal.

Un désavantage de ce récepteur provient de ce que l'aubage, à la sortie, soulève l'eau, d'où il résulte une perte de travail d'autant moindre, cependant, que le diamètre est plus grand et la vitesse petite ; pour diminuer cette perte, on a conseillé de faire l'aubage incliné ; mais, s'il se produit du jeu, le rayon est susceptible d'augmenter et dès lors l'aubage frotterait contre le coursier ; nous verrons néanmoins que la roue Sagebien est ainsi disposée.

L'aubage selon le rayon est généralement adopté ; la construction en est plus simple, surtout si la vitesse n'est que de 1 mètre à 1 m. 50 ; autrement, il faudrait construire la courbe du filet moyen et diriger ce premier élément de l'aubage selon la tangente au point de rencontre avec la circonférence de la roue, afin d'atténuer le choc de l'eau ; le filet moyen se prend à une profondeur égale à 0,57 z, de sorte que la vitesse V_0 de la veine à son passage sur la vanne est

$$V_0 = \sqrt{2g \times 057z}$$

Aubage. — En pratique les aubes ne se remplissent qu'aux deux tiers ou aux trois quarts ; il faut que la largeur et la capacité de la roue répondent au débit de la vanne, soit

$$Q = m\mathrm{L}z\sqrt{2gz}$$

où m est compris entre 0,40 et 0,45.

La profondeur des aubes ne va guère au-delà de 0 m. 70 ; l'espacement, pour $z = 0{,}16$ à $0{,}35$ se prend de 0,35 à 0,50 ; leur nombre doit être multiple du nombre de bras.

Quand les cours d'eau ont de grandes variations de débit, on sera obligé d'employer de forts abaissements de vannes qui entraînent un plus grand écartement des aubes ; le fond de la couronne ne doit jamais être complètement fermé ; il faut que l'air puisse s'échapper.

La dimension des aubes dans le sens du rayon doit être égale à leur écartement mesuré sur la circonférence extérieure de la roue hydraulique.

Diamètre. — Le diamètre d'une roue de côté doit être tel que l'axe soit à 0,25 au moins au-dessus du niveau d'amont et que l'aubage soit immergé, à l'aval, de la même quantité que l'épaisseur de lame d'eau d'arrivée.

En pratique, le diamètre varie de 3 m. 50 à 7 mètres, soit du simple au double pour une roue de côté sans tête d'eau ; si des nécessités particulières obligeaient d'adopter de plus grands diamètres, il n'en résulterait que l'inconvénient d'avoir une roue qui coûterait plus cher, qui serait plus lourde et qui absorberait, par conséquent, une petite fraction de la puissance motrice par frottement.

$$R = d + H + i.$$

pour connaître i, on le fait d'abord égal à la levée de la vanne, pour une première approximation, dans la formule du débit, c'est-à-dire $i = p$.

$$Q = 0{,}9\, L \times p \times v$$

d dépend des circonstances locales ; l'augmentation du rayon du récepteur est favorable à la facilité d'immersion.

Pour le type II, la tête d'eau et la levée de la vanne dépendent des variations à l'amont et du volume ; on doit procéder par tâtonnements, les facteurs en présence étant liés au débit ; la levée se prend de 0,20 à 0,35 ; on va parfois jusqu'à 0,40 pour de grandes quantités d'eau.

Une trop petite tête d'eau conduirait à une roue trop large et, en pratique on la prend entre un tiers et un quart de la chute.

Les aubages sont fonction des angles de V et v et résultent des équations du travail, qui sont les mêmes que dans la roue précédente ; si on incline les aubages, leur sortie à l'aval est plus facile, surtout si la roue a un petit diamètre ; en pratique l'angle des vitesses se prend entre 15 et 30 degrés ; la vitesse v de la roue varie de 2 mètres à 2 m. 50 ; on va même jusqu'à 3 mètres, en disposant un contre-aubage ; cela permet au centre de gravité de l'eau contenue de s'élever un peu.

Le tracé de l'aubage se fait sur la parabole du filet *supérieur* de la lame d'eau, pour V maximum tandis que v est minimum.

Les mêmes règles que pour la roue 1 président à la détermination de la capacité des aubes ; on les fait profondes, en supprimant alors la contre-aube, lorsque les variations de l'aval sont sensibles, et l'on vérifie si les dimensions correspondent bien à la levée de la vanne et à la tête d'eau

$$Q = m\mathrm{L}e\sqrt{2g\,(h - 0{,}8e)}$$

L = largeur de la vanne;

m = 0,75 à 0,80, le premier nombre se rapportant à une vanne inclinée à 1 de base sur 2 de hauteur, et le second pour l'angle de 45 degrés avec bords bien arrondis.

Le diamètre de la roue, compris entre 3 m. 50 et 7 mètres, est un peu arbitraire ; il faut cependant tenir compte de ce qu'un grand diamètre facilite la sortie des aubes ; on le choisit grand si le niveau d'aval est plus variable ; avec un grand diamètre, on diminue l'angle de V et de v et on augmente le rendement; le centre de gravité est également plus redressé.

Le rendement pratique de ce type est compris entre 0,45 et 0,55.

Roues en dessous. — On les dénomme encore roues à aubes planes ou à choc, en raison des dispositions qu'elles

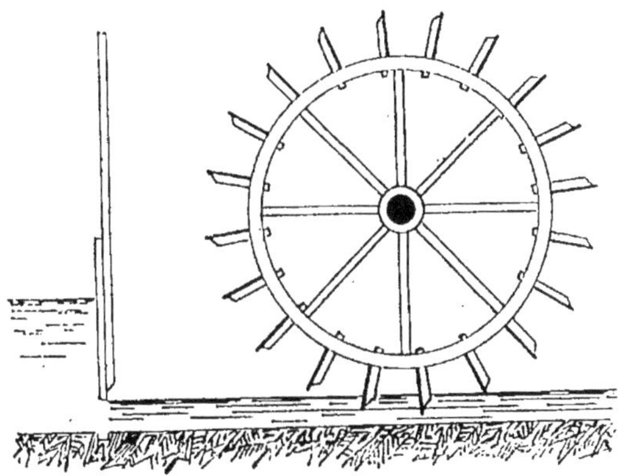

Fig. 834.

présentaient autrefois (fig. 834); la roue était placée dans un coursier horizontal ou faiblement incliné avec vanne verticale à l'origine de ce coursier vers l'amont.

En levant cette vanne d'une quantité suffisante pour donner passage au débit normal du cours d'eau, le liquide s'écoulait avec la vitesse due à la hauteur du niveau dans le bief d'amont au-dessus du centre de l'orifice de débit.

L'eau, animée de cette vitesse, vient choquer les palettes dont la roue est munie sur son contour et lui imprime un mouvement de rotation dont la vitesse est d'autant moins grande que la résistance à vaincre est plus considérable ; car la pression exercée par l'eau sur les aubes, quand elle est en mouvement, n'est pas la même que lorsqu'elle est en repos.

Entre ces deux cas extrêmes, il existe une limite où la roue produit le maximum d'effet.

C'était une mauvaise disposition, la longueur du coursier étant cause d'une perte de chute notable ; de plus, la

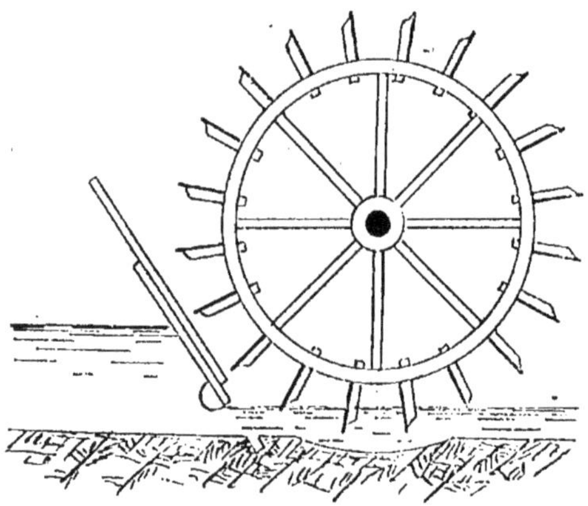

Fig. 835.

roue n'était pas emboîtée, une partie de l'eau passait sans travail utile de l'amont à l'aval ; la roue n'étant pas immergée, on perdait une hauteur de chute égale à la moitié de la roue à plomb de l'axe, de sorte qu'en résumé le rendement n'était guère que de 10 à 15 pour 100.

On l'a donc améliorée (fig. 835) en faisant un vannage incliné s'approchant très près de la roue, en l'emboîtant entre des *bajoyers* et en l'immergeant pour utiliser la vitesse à la sortie à créer un ressaut.

Certaines expériences ont fait voir que la vitesse de la

circonférence extérieure qui correspond au maximum de rendement est comprise entre 0,33 et 0,50 de celle de l'eau affluante ; la chute maximum est 1 m. 25 car, pour de plus grandes chutes, la violence du choc de l'eau, sur les palettes, occasionne une perte de force vive très considérable.

Le travail utile peut s'exprimer par la formule

$$P = \frac{mQh}{75}$$

P = travail en chevaux-vapeur ;
m = 0,10 à 0,30 selon le soin d'établissement ;
Q = volume en *litres* par seconde ;
h = hauteur de chute.

Par exemple, pour une roue en dessous dont les données seraient 2.400 litres et $h = 1{,}10$

$$P = \frac{0{,}10 \times 2.400 \times 1{,}10}{75} = 3 \text{ chevaux } 5$$

concernant une roue mal construite ; tandis que

$$P = \frac{0{,}30 \times 2.400 \times 1{,}10}{75} = 10 \text{ chevaux } 5$$

si elle est mieux établie.

Ce système de récepteurs a l'avantage de demander peu de largeur ; ces roues, faciles à construire et à réparer, dépensent beaucoup d'eau par mètre de largeur ; le diamètre peut varier de 3 mètres à 10 mètres et la vitesse est assez grande.

Les questions qui se présentent, pour faire rendre aux

roues à palettes planes le plus grand effet possible, sont les mêmes que dans les autres genres de récepteurs; la tête d'eau est sensiblement égale à la chute.

Le jeu entre les aubes et les parois du coursier ne doit pas dépasser 2 centimètres; la vitesse sur le centre des aubes est d'environ 1 mètre; on fait le coursier concentrique à la roue sur une longueur de deux aubages; l'immersion est d'au moins deux tiers de l'épaisseur de la lame d'eau, ainsi que nous l'avons dit.

La capacité des aubages se calcule exactement comme pour les roues de côté; on les remplit aux deux tiers; leur hauteur se prend égale à deux ou trois fois la levée de la vanne; de plus l'aval ne doit jamais faire déborder l'eau. Leur nombre et leur espacement résultent des règles pratiques :

$$N = 6D$$

$$E = \frac{\pi D}{N} = \frac{\pi}{6} = 0 \text{ m. } 52$$

D = diamètre de la roue.

Toutefois la distance entre chaque palette pourra être un peu modifiée, suivant que la construction l'exigera.

Roues pendantes. — Ce genre de récepteurs s'établit ordinairement sur un courant indéfini et tel que l'on en voyait autrefois sur les flancs des bateaux-usines, sans retenue d'eau ni barrage; ils sont analogues aux roues à palettes planes; le maximum qu'ils atteignent correspond à $v = \frac{V}{2}$, dans la formule du travail

$$T = \frac{PV^2}{2g}\frac{K}{2}$$

V = vitesse du courant à la surface;
P = poids de l'eau;
K = 0,80 à 0,85;
v = vitesse de la roue prise au centre des aubes.

Leur puissance dépend de la vitesse V et de la surface immergée de l'aubage; on peut encore la déduire de la formule

$$T = 147,5\, A\, \overline{(V - v)}^2\, v$$

en désignant par A la surface mouillée d'une aube verticale.

Par exemple : en admettant que

$$V = 2 \text{ m. } 00 \qquad v = 1 \text{ m. } 30 \qquad A = 3 \text{ m}^2\, 00$$

l'effet utile de cette roue pendante serait

$$T = 147,5 \times 3,00\, \overline{(2,00 - 1,30)}^2\, 1,30$$
$$= 282 \text{ kgm.}$$

soit environ 3 chevaux 75.

Leur diamètre se fixe en déterminant d'abord la vitesse du courant et en se donnant la vitesse ou le nombre de tours qu'elle doit faire; ainsi, en supposant qu'une roue doive tourner à un tour par minute, sur un courant animé d'une vitesse de 1 m. 23 par seconde (le chemin parcouru par l'eau sera 73 m. 80 par minute), le diamètre résultera de la division

$$\frac{36,90}{3,14} = 11 \text{ m } 75$$

La hauteur des aubes se prend de 0,35 à 0,80, avec un

écartement à peu près égal à cette hauteur; quant à leur largeur L, elle est fournie par la formule

$$L = \frac{T}{81,56 \times h \times V (V - v) v}$$

h = hauteur mouillée d'une aube verticale.

Les roues pendantes ne doivent pas être plongées de plus du tiers du rayon.

Roue Sagebien. — Ce récepteur (fig. 836), qui convient

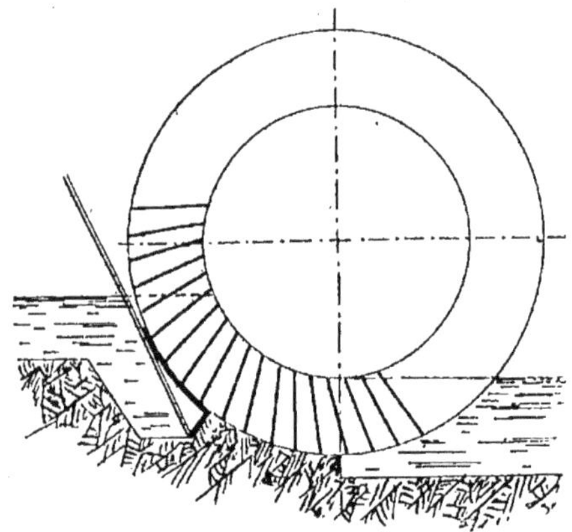

Fig. 836.

pour des chutes de 2 mètres à 2 m. 50 au maximum, peut se classer parmi les roues de côté; elle est très lente et fonctionne, pour ainsi dire, à la façon d'un compteur dont les aubages seraient très profonds; on évite donc les pertes de travail par chocs, tourbillons ou remous de l'eau à son entrée sur les palettes ordinaires ou à leur sortie dans le bief d'aval. Il semble que le liquide arrive à un niveau constant entre les aubes et qu'il le garde pendant tout le temps qu'il parcourt le coursier construit au pourtour de la roue.

Dans ce but, le vannage régulateur a un seuil situé à une profondeur presque égale à celle du canal d'aval, de telle

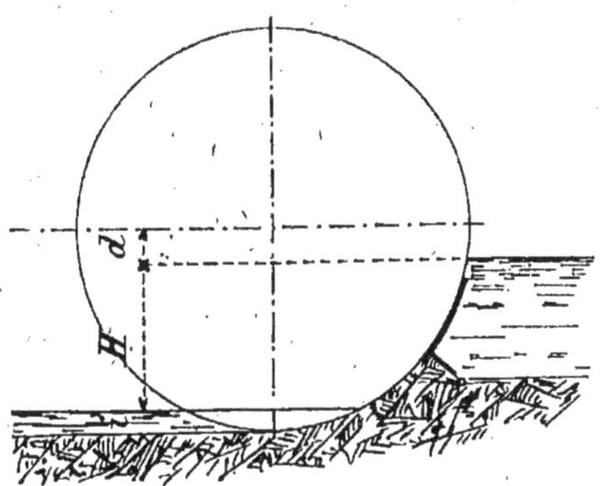

Fig. 837.

sorte que la lame d'eau en déversoir est de hauteur sensiblement égale à la chute totale (fig. 837).

Toutefois la dépense d'eau ne se calcule pas comme pour un déversoir ordinaire, car elle est dans le rapport direct de la vitesse de la roue.

On introduit ou l'on intercepte le volume débité par une vanne plongeante inclinée qui descend contre le col de cygne dans une petite fosse du canal d'amenée ; le tout est en fonte ; la vanne ne sert que lors de la mise en train ou de l'arrêt du récepteur et doit être, par conséquent, tout ouverte ou toute fermée, le réglage ayant lieu par une plaque de garde supplémentaire à l'amont.

Sa vitesse est extrêmement réduite : 0 m. 50 à 0 m. 70 par seconde, ce qui porte à son minimum le terme de la formule où l'on tient compte de l'amortissement des vitesses ; comme, d'autre part, l'emboîtement des aubes dans le coursier est particulièrement soigné (jusqu'à ne laisser que 3 millimètres de jeu), il n'est pas surprenant que l'on réussisse à récupérer la majeure partie de la puissance de la chute et à atteindre des rendements démontrés de 80 à 90 pour 100.

Les aubes, assez rapprochées, sont inclinées non seulement dans leur position d'entrée dans l'eau, par rapport à la nappe d'amont, mais elles sont dirigées tangentiellement à une circonférence qui se détermine dans chaque cas.

Leur immersion va de 1 m. 25 à 1 m. 50 ; elle peut même être de 2 mètres, de sorte que les aubages ont jusqu'à 2 m. 30 de hauteur ; cette roue convient donc pour de grands débits, puisque, par seconde et par mètre de largeur, on peut facilement dépenser 1.000 litres, quelquefois même 1.500 litres ; cela conduit à un grand diamètre au pourtour, 8 à 10 mètres, et cela facilite la sortie de l'aubage dans le bief d'aval.

Si, en effet, on cherche à se rendre compte de l'abandon du liquide par un intervalle de deux aubes, on constate que cette capacité se vide d'abord par le fond, puis qu'en se rapprochant du niveau d'aval la vitesse de sortie augmente depuis le coursier jusqu'à la surface ; l'eau, à chaque passage des aubes, est déposée par couches successives ayant, toutes, le sens du courant de fuite, sans remous et sans perte de chute.

Pour que cette émersion se fasse dans de bonnes conditions, il est nécessaire que les aubes fassent un angle d'au moins 30 degrés avec la surface d'aval ; cette valeur s'applique à de petits diamètres, mais chaque fois qu'on pourra le faire, il vaudra mieux choisir l'angle de 45 degrés.

De ce que, relativement, la vitesse est faible et le diamètre grand, il en résulte que la hauteur de chute n'intervient que fort peu sur le rendement, car, par minute, la roue ne fait guère que un tour à un tour et demi; avec deux tours par minute et pour des chutes de 0,30 on arrive à la limite extrême d'emploi.

Un avantage sérieux est son grand débit, puisque cet appareil permet l'utilisation, au maximun de rendement, de chutes d'eau entraînant à des largeurs de roues dispendieuses lorsque l'on adopte d'autres types de récepteurs; il est cependant contre-balancé par certains inconvénients tels que ceux inhérents à la transmission générale, qui sera, souvent, assez compliquée et coûteuse, car les engrenages sont lourds et comme la roue est déjà d'un prix sensible, il y aura tendance à chercher l'économie sur tous les coefficients de résistance des métaux.

Il faut bien songer, en effet, à la difficulté de mise en marche d'un récepteur volumineux et qui ne donne sa toute-puissance qu'à une vitesse d'allure normale très restreinte, et cette considération oblige, la plupart du temps, à débrayer avant l'arrêt tous les outils en prise, afin de pouvoir aisément repartir à vide.

Quand une usine est exposée à des variations de résistance, la roue Sagebien ne convient pas toujours; car, s'il y a augmentation de l'effort exigé, la vitesse diminue, ne correspond plus aux données d'établissement, de sorte que la puissance s'en trouve forcément diminuée. Si, au contraire, cet effort des résistances devient plus faible, la vitesse tend à s'accélérer, entraînant une augmentation insolite de l'effort moteur.

Il est donc prudent, dans ce cas, d'installer un régulateur de vitesse qui actionne la vanne d'arrivée et fait frein sur l'arbre principal de transmission. Mais, quoique s'appropriant bien à des usines à résistance constante, ce genre de récepteur ne saurait se plier à des niveaux ou à des volumes variables.

Dimension. — La lame d'eau sur le déversoir se trouvant sensiblement égale à la profondeur du canal d'amenée, le vitesse d'entrée V est faible ; elle se prend de 0 m. 30 à 0 m. 50 par seconde ; ayant

Q = volume d'eau;
ω = section du canal;
u = vitesse moyenne;
L = largeur du vannage;
z = lame d'eau;

$$\omega = \frac{Q}{u} = Lz$$

d'où l'on peut déduire L et z que l'on prend, ordinairement, dans le rapport

$$z = \frac{L}{2}$$

La direction primitive de l'aubage dépend, en grande partie, du diamètre adopté; elle est fonction aussi de la vitesse de la roue; on le trace pour le filet supérieur en admettant à priori comme vitesse de la roue 0 m. 50 à 0 m. 70 par seconde; supposant connue cette vitesse, ainsi que la largeur L, on procède à une première approximation de l'immersion qui y correspond en appliquant la formule

$$L \times i \times 0{,}5 = \dot{Q}$$

Le centre de la roue étant à une hauteur d au-dessus de

l'amont, situé lui-même à la hauteur de la chute H par rapport à l'aval,

$$R = d + H + i$$

Par des tâtonnements successifs, après avoir essayé des rayons de 3 m. 50 à 4 mètres et tracé des aubages qui leur sont applicables pour un angle de sortie de 45 degrés environ, on se résout à choisir la direction de palettes qui, combinée avec la vitesse d'arrivée du filet liquide, produira plutôt un léger choc à l'entrée sur l'aubage, car il est sans importance, eu égard à la faible vitesse de rotation du récepteur; ordinairement on le contre-balance par l'augmentation raisonnée du diamètre.

La profondeur de l'aubage ($R-r$) se déduit de la formule

$$Q = KL(R^2 - r^2)\frac{v}{2R}$$

dans laquelle, en raison de ce que les intervalles des aubes sont presque tout à fait remplis, $K = 0{,}90$ à $0{,}95$; il faut aussi faire attention à l'immersion qui, tout au plus, doit être égale à la profondeur des aubes.

Celles-ci, très rapprochées l'une de l'autre, sont à une distance de 0 m. 30 au moins, 0 m. 40 au plus, comptés sur la circonférence extérieure; leur nombre est un multiple de celui des bras.

Le vannage de la roue Sagebien est semblable à celui des roues de côté sans tête d'eau et, de préférence, en partie courbe construite en maçonnerie, avec des bajoyers; quant à la roue elle-même qui, primitivement, était en bois, on la fait en métal, avec des travées de 0 m. 90 de largeur environ; elle possède 6, 8 ou 10 bras, selon son importance, qui sont chaînés par des cercles supplémentaires et des croisillons transversaux.

Roue Poncelet. — Parmi les récepteurs à aubes courbes, qui sont une transition entre les roues ordinaires et les turbines, nous ferons choix de la roue Poncelet (fig. 838) pour notre description; c'est une roue en dessous

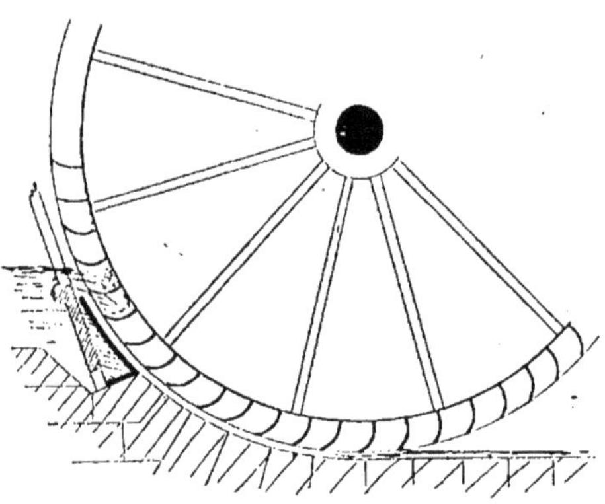

Fig. 838.

qui peut être employée pour des chutes de 0 m. 90 à 2 mètres.

Désignons par

V = vitesse d'arrivée de l'eau sur la roue;
w = vitesse de sortie ;
v = vitesse de la roue.

Son principe étant basé sur ce que l'eau arrive sans choc et sort sans vitesse, si, dans la formule

$$w = V - 2v,$$

l'on fait nulle la vitesse à l'aval,

$$V - 2v = 0\,;$$

d'où

$$v = \frac{V}{2}\,;$$

il n'y aurait donc pas, en théorie tout au moins, de perte de chute ; mais, en pratique, il y a choc entre les aubes quoiqu'on fasse arriver l'eau tangentiellement aux aubages et on est loin du rendement annoncé de 0,93, en raison du mouvement de la roue elle-même, de l'épaisseur de la lame d'eau et enfin de la rencontre des filets montant sur l'aube avec ceux qui commencent à redescendre ; d'après les essais de Poncelet, il faut se rapprocher de $v = 0{,}55\,V$.

Comme dans certaines roues précédentes, la largeur du vannage est de 0 m. 10 environ moins large que la roue ; la lame d'eau passe sous la vanne et elle est amenée jusqu'aux aubes entre coursier et bajoyers; le canal forme ensuite ressaut et s'élargit.

On peut tracer le coursier en partie droite et la levée de la vanne est de 0 m. 15 à 0 m. 30, et exceptionnellement 0 m. 40 selon les circonstances de volume d'eau et de largeur limitée ou encore lorsqu'il y a variation dans le débit ; l'épaisseur

$$e = 0{,}8\ E$$

La pente du coursier est de un quinzième à un dixième;

il faut faire le tracé pour le filet supérieur afin que le choc d'entrée se produise sur la face supérieure de l'aube.

Connaissant le volume d'eau et la levée de la vanne, on peut se servir de la formule ci-après pour déterminer la largeur de l'orifice

$$l = \frac{Q}{0,80\ E \sqrt{19,62\, h'}}$$

h' = charge d'eau sur le filet supérieur.

Le diamètre des roues Poncelet est à peu près arbitraire ; ce qu'il faut envisager c'est que chaque point de la circonférence ait une vitesse v égale à la moitié de celle de l'eau V ; comme on connaît, d'autre part, le nombre de tours qu'elle doit faire, eu égard à la transmission qu'elle commande, il sera facile d'en déduire le diamètre.

Admettons, par exemple, que l'eau ait une vitesse de 4 m. 75 par seconde à la sortie de la vanne ; la roue, ayant seulement moitié de cette vitesse, fera 2 m. 375 par chaque seconde, soit $2,375 \times 60 = 142$ m. 50 par minute ; dans le cas où elle serait astreinte, par les conditions d'établissement, à tourner à 10 tours à la minute, le développement de sa circonférence serait

$$\frac{142,50}{10} = 14 \text{ m. } 50$$

et son diamètre

$$\frac{14,50}{3,14} = 4 \text{ m. } 55$$

Mais si le choix du diamètre n'est soumis à aucune condition, on remarquera cependant qu'avec un petit rayon la courbure, au bas des aubes, sera très prononcée et que le rendement en sera diminué ; il convient de prendre, $R - r$ étant la largeur de la couronne dans la direction du rayon,

$$\frac{R - r}{2R} = 0{,}12 \text{ à } 0{,}25$$

Pour préciser $R - r$ on peut employer la formule

$$R - r = \frac{Q}{0{,}206\, L \sqrt{19{,}62\, h'}}$$

L = largeur de la roue.

Dans le cas où les conditions d'établissement imposeraient la grandeur du rayon, la largeur de la couronne s'obtiendrait par l'expression

$$R - r = R - \sqrt{R^2 - 7{,}27 \frac{QR}{L\sqrt{19{,}62\, h'}}}$$

En outre, le rayon étant proportionnel à la hauteur E de levée de la vanne, on se servira des relations ci-dessous pour déterminer, E m étant le coefficient de contraction 0,80 :

$$E = \frac{0{,}125\, R}{m}$$

quand la roue fonctionne sans être noyée ;

$$E = \frac{0{,}094\, R}{m}$$

dans le cas où la roue est exposée à de grandes eaux d'aval.

Prenons, comme exemple, R = 2 mètres avec une roue tournant sans noyage

$$E = \frac{0,125 \times 2,00}{0,80}$$
$$E = 0,31$$

Le rayon d'une roue Poncelet étant choisi ou calculé, de

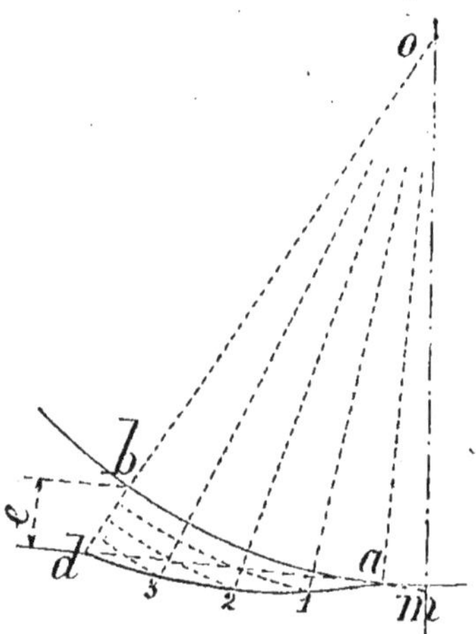

Fig. 839

même que la largeur R — r, on a l'habitude de procéder au tracé d'un coursier courbe ou en spirale qui donne de meilleurs résultats que le coursier rectiligne (fig. 839). Pour cela, on décrit l'axe vertical de la roue et, sur la circonférence extrême, on prend un point a tel que la distance sur la tangente am, à partir de la verticale, soit de 0,083 R ; on porte, perpendiculairement à cette tangente, l'ouverture e de l'orifice et on mène une parallèle à la tangente *am* qui rencontre la circonférence en *b*; c'est là que le filet supérieur de la veine liquide doit toucher la roue, en se mouvant parallèlement au coursier. On tire *ob* que l'on prolonge jusqu'à la tangente, en *d*, et on partage l'arc *ba* et la droite *bd* en un même nombre de parties égales :

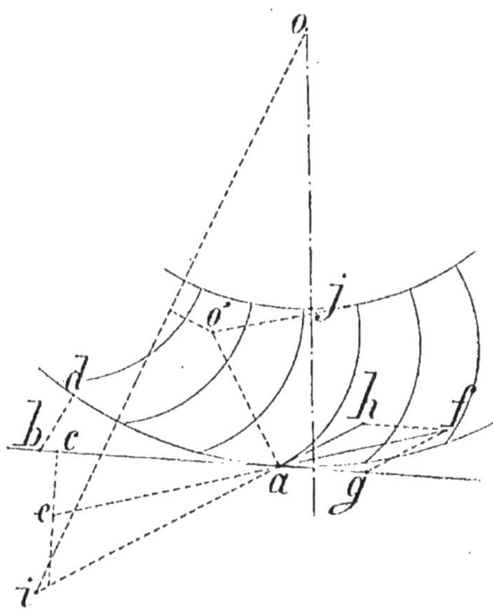

Fig. 840.

4, dans le cas de la figure ; par les points de division de la circonférence, on fait passer des rayons que l'on prolonge au-delà et par ceux de *bd* on décrit des cercles concentriques; les rencontres respectives 1, 2, 3 de ces lignes sont autant de points du profil du coursier.

Du côté de l'amont, le coursier se raccorde soit avec l'horizontale, soit avec la tangente, en ayant soin d'adoucir l'arête d, si elle était trop vive et formait jarret, par un arc de grand rayon ; vers l'aval, le coursier se fait par un arc concentrique dont la longueur est de une fois et demie à deux fois l'écartement des aubes et se termine à la crête du ressaut.

Lorsque le niveau d'aval est variable, on peut noyer la roue de 10 à 15 centimètres ; cependant la crête du ressaut du coursier doit être placée à la hauteur d'étiage dans le canal de fuite toutes les fois qu'on n'a pas à craindre de grandes crues et qu'il est possible de donner à ce canal, immédiatement en aval de la roue, une largeur 5 à 6 fois plus grande que celle du coursier.

Si des circonstances particulières ne permettaient pas de donner une largeur suffisante au canal de fuite, il faudrait sacrifier une petite partie de la chute en reportant le seuil un peu plus haut, 0 m. 10 environ au-dessus du niveau moyen de l'aval, ce qui reporte à au moins 0 m. 40 l'arête du seuil au-dessus du fond du canal.

Pour exécuter le tracé d'une aube (fig. 840), on part de la formule

$$V = \sqrt{2g\,(h - 0{,}8E)}$$

V = vitesse de l'eau ;
h = hauteur d'eau ;
E = levée de la vanne ;

D'autre part, nous avons vu que $v = 0{,}55\ V$; l'angle des vitesses V et v (pour la roue) se choisit de 15 degrés à 30 degrés ; il n'y a rien d'absolu à cet égard.

Sur la tangente ab, définie comme précédemment, et à partir de a, prenons une longueur ac égale au développement de ad ; en c élevons une perpendiculaire à la tangente, égale à bd ; en e, joignons ae que nous prolongerons d'une quantité af égale à la vitesse d'entrée qui résulte de la chute; sur la tangente, nous prenons aussi ag égal à la vitesse de la roue, de sorte que fg sera la direction de la vitesse relative, que nous choisissons comme premier élément de l'aube en menant ah égal et parallèle à fg.

En prolongeant ah vers le bas de façon que

$$ai = oj = r$$

et joignant oi, sur le milieu duquel nous élevons une perpendiculaire, nous obtenons un point o', qui est la rencontre de cette ligne avec la perpendiculaire élevée en a sur ah, que l'on prend comme centre de la courbure de l'aube, $o'a$ étant son rayon; il est nécessaire que la partie supérieure de l'aube arrive à peu près à angle droit sur la circonférence oj, ce qui s'obtiendra en modifiant le rayon $o'a$, après quelques tâtonnements.

L'écartement des aubes est de 0 m. 35 à 0 m. 40; exceptionnellement 0 m. 25 et 0 m. 40.

Quant au rendement de la roue Poncelet, il est inférieur aux roues de côté bien construites; si la roue n'est pas noyée et que l'aval n'ait que peu de variations, on compte un rendement de 65 pour 100 pour chute de 1 m. 20 et moins.
» 60 » » 1 m. 30 à 1 m. 50
» 55 » » 1 m. 80 à 2 m.

Application. — Avant de terminer cette étude des récepteurs ordinaires à axe horizontal, prenons (fig. 841) le cas d'une hauteur de chute de 1 m. 60, que l'on veut utiliser pour faire tourner une roue à 10 tours par minute, avec un débit moyen de 0 m³ 605.

La force brute de la chute est

$$\frac{1{,}60 \times 605 \text{ k.}}{75 \text{ chevaux}} = 13 \text{ chevaux environ.}$$

Le diamètre, imposé par les circonstances, est de 4 m. 70 et l'axe de rotation doit être situé à 0 m. 84 du niveau de la retenue d'amont.

La levée de la vanne, verticalement, étant de 0 m. 26 à 0 m. 28 et x étant la largeur de la vanne inclinée, on a pour la section de l'orifice : 0,26 x; soit, pour la charge d'eau sur le sommet de l'orifice,

$$1,41 - 0,26 = 1 \text{ m. } 15;$$

la cote 1 m. 41 résulte de l'inclinaison du coursier.

La vitesse théorique correspondant à cette charge d'eau

$$V = \sqrt{2gh} = \sqrt{19,62 \times 1,41}$$
$$V = 4 \text{ m. } 75.$$

Prenons 0,75 comme coefficient de contraction de la veine liquide, cas d'une inclinaison de vanne à 45 degrés ; nous trouverons pour le volume d'eau dépensé, avec une levée verticale de 0 m. 26 :

$$0,75 \times 4 \text{ m. } 75 \times 0 \text{ m. } 26 \times x = 0 \text{ m}^3\ 605$$

c'est-à-dire que nous en tirerons

$$x = \frac{0,605}{0,75 \times 4,75 \times 0,26} = 0 \text{ m. } 657.$$

Nous adopterons 0 m. 69 comme largeur de vanne et 0 m. 79 comme largeur de roue entre couronnes.

Un exemple précédent nous a fourni le diamètre de la roue = 4 m. 54 ; il est prudent de l'augmenter légèrement en adoptant 4 m. 70 en chiffres ronds.

Afin que les aubages se vident promptement à la partie

inférieure, sur le seuil du coursier, le bas de la roue se place à 0 m. 09 au-dessus du niveau d'aval ; car le canal de fuite ne s'élargit pas brusquement et l'on peut craindre un reflux des eaux s'échappant des aubes ; c'est un petit sacrifice sur la hauteur de chute totale.

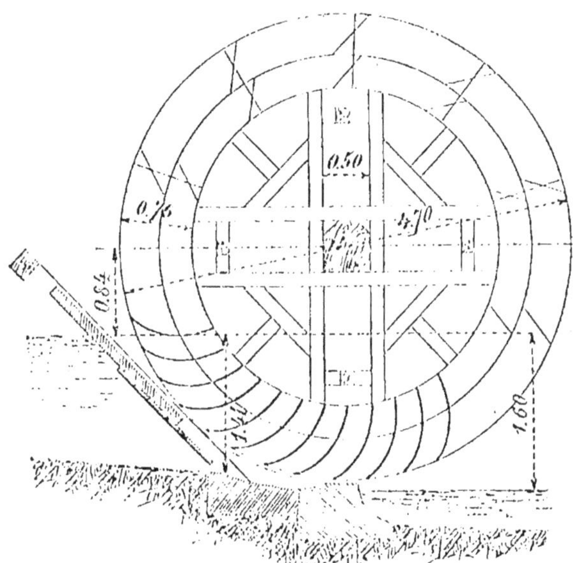

Fig. 841.

La largeur des couronnes, calculée par la formule :

$$R - r = R - \sqrt{R^2 - 7.27 \frac{QR}{L\sqrt{2gH}}}$$

résulte des données

$$\left.\begin{array}{l} R = 2 \text{ m. } 35 \\ Q = 0{,}605 \\ L = 0{,}79 \\ H = 1{,}15 \end{array}\right\} R - r = 0{,}75,$$

On prend 0 m. 76.

Dans le cas qui nous occupe, les aubes ont été tracées de telle sorte que leur premier élément fait, avec la circonférence extérieure, un angle de 30 degrés et leur courbe devient, à son extrémité, normale à la circonférence intérieure des couronnes ; leur rayon est de 0 m. 76 et leurs centres de courbures, obtenus par l'épure, se trouvent sur une circonférence concentrique d'un rayon de 1 m. 74 ; il y a 40 aubes écartées, au minimum, de 0 m. 198.

Pour calculer le diamètre de l'arbre en bois d'une roue hydraulique, on peut faire usage de la formule

$$d^3 = \frac{P\, l\, l'}{58905\, C}$$

d = diamètre de l'arbre ;
2C = longueur de cet arbre entre tourillons ;
P = poids de la roue ;
l, l' = distances du point d'application de la charge aux points d'appui.

C'est ainsi qu'avec une distance totale de 4 mètres entre tourillons ; l = 0 m. 68 ; l' = 3 m. 32 et avec une roue dont le poids se décompose de la façon suivante :

Arbre	environ	800 k.
Roue (fer et bois)		3.000
7 aubes pleines, soit 2 m. 40 sur la circonférence, correspondant à		605
		4.405 k.

On aura

$$d = \frac{4,405 \text{ k.} \times 0 \text{ m. } 68 \times 3 \text{ m. } 32}{58905 \times 2 \text{ m.}}$$

$$d = 0 \text{ m. } 45$$

que, pour plus de sécurité, on a pris égal à 0 m. 50.

Roue à admission intérieure. — Ce système de récepteur participe de toutes les autres roues hydrauliques,

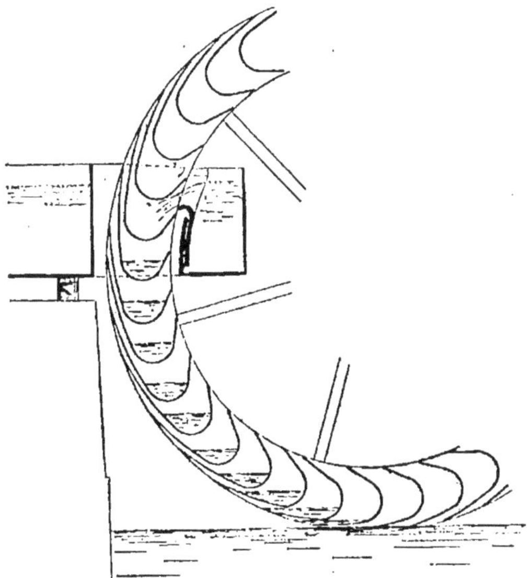

Fig. 842.

y compris les turbines ; elle reçoit l'eau à la hauteur de son axe, un peu au-dessous, ou vis-à-vis ou un peu au-dessus, par le côté du centre, à la façon des turbines, et la rejette extérieurement à son grand diamètre (fig. 842).

Le rayon, comme dans les roues en dessous, est à peu près arbitraire ; les aubes sont curvilignes, de même que dans la roue Poncelet, et enfin ses aubes fonctionnent ainsi que les augets de la roue en dessus.

Du côté du centre, les aubes sont tracées tangentes au filet moyen pour éviter tout choc lors de l'entrée, qui se fait en déversoir, par une vanne plongeante ; la profondeur des aubes, que nous avons précédemment indiquée par $R-r$, peut être assez grande sans qu'il y ait diminution du rendement que l'on estime être de 84 à 88 pour 100 ; il en résulte que l'aubage satisfait facilement à la condition d'un débit important.

Du côté de l'aval, on dispose également l'aubage pour que son dernier élément soit tangent à la surface de l'eau dans le canal de fuite ; l'eau se déverse ainsi sans aucune vitesse ; cette disposition est surtout appréciable lorsque la roue est susceptible d'être noyée, car, en ce cas, les aubes glissent sur le liquide sans le relever et néanmoins l'eau contenue entre les aubes donne toute son énergie quand l'aube est submergée en partie ; la construction cintrée des aubes supprime, de plus, la nécessité des évents pour l'évacuation de l'air.

Cet avantage de pouvoir marcher noyée est une amélioration importante ; toute la hauteur de chute est utilisable pendant les crues sans que le rendement en soit influencé et il est permis, dès lors, de donner à la roue le diamètre qui convient le mieux pour la vitesse de rotation et pour le déversement avec vitesse nulle.

Le choix possible du diamètre le mieux approprié est également guidé par celui que l'on peut faire de la position du point d'introduction de l'eau : de sorte qu'en définitive on peut obtenir telle vitesse que l'on désire, ce qui est un précieux avantage en beaucoup de cas.

Eu égard à ce que l'eau traverse complètement la couronne d'aubages, il se déduit qu'elle peut fort bien satisfaire aux vitesses d'accès du liquide sans qu'on ait à se préoccuper de la sortie à l'aval; comme aussi la forme de cette couronne s'allie bien à une grande profondeur selon le rayon, on voit que ce type de roue peut récupérer des forces hydrauliques subissant de grandes variations et dépenser autant que les turbines sans changement sensible dans le rendement.

Un autre avantage de la roue à admission intérieure est qu'on peut la faire tourner dans un sens ou dans l'autre, selon que l'entrée a lieu d'un côté ou de l'autre du centre; elle convient, enfin, à toutes les chutes, mais en particulier aux petits cours d'eau, en raison du porte-à-faux des couronnes sur les bras.

Application d'un calcul de rendement au frein (1).

Une roue de ce système a été expérimentée dans les conditions suivantes : le diamètre de la roue est de 5 m. 16, avec une largeur de 2 mètres; la charge d'eau, à l'aplomb des déversoirs, est de 0 m. 174 et la chute totale=2 m. 30; l'arbre sur lequel on place le frein fait 10 tours par minute; le bras du frein est de 3 mètres, et pèse 23 k. 50.

Le poids, placé dans le plateau, est de 96 k. 50 pour maintenir horizontal le bras de levier lorsque l'arbre donne toute sa puissance.

Le travail transmis par celui-ci est, par seconde,

$$\frac{2\pi\,(23\text{k}.\,50 + 96\text{k}.\,50) \times 3\text{m}.\,00 \times 10^{t}}{60''} = 377\text{kgm}.$$

L'arbre en essai n'étant pas l'arbre de la roue, il y a lieu de tenir compte de certaines pertes par frottement sur les

(1) Voir également l'un des volumes : *Mécanique, Machines à vapeur* ou *Moteurs à gaz*.

tourillons et engrenages ; en l'estimant à 13 kgm. on est dans une moyenne convenable, de sorte que le travail sur l'arbre du récepteur est 377 + 13 = 390 kgm.

D'autre part, on calcule le débit par la formule

$$0,42 \times 1 \text{ m. } 46 \times 0 \text{ m. } 174 \sqrt{19,62 \times 0 \text{ m. } 174} = 0 \text{ m}^3 197.$$

ce qui donne, pour la force brute,

$$197 \text{ k.} \times 2 \text{ m. } 30 = 453 \text{ kgm.}$$

Le rendement sera le rapport

$$\frac{390}{453} = 0,86 \text{ en chiffres ronds.}$$

Renseignements généraux pour un projet de roue hydraulique.

La question principale dont on doit se préoccuper est celle de la préférence à donner à tel ou tel type de récepteur.

I. Choix du système.

Pour les chutes *supérieures à 4 mètres*, où le volume d'eau et le niveau d'amont sont constants, on peut employer la roue à tête d'eau ; le débit ne doit pas être trop considérable, car il faudrait alors disposer plusieurs roues.

Si le niveau d'amont et le volume sont variables, on fera choix d'une roue en dessus sans tête d'eau.

Dans le cas de chutes de *4 à 5 mètres*, le niveau d'amont étant susceptible d'éprouver des variations de 0 m. 50, prendre la roue de poitrine avec vannage à persiennes; si, en outre, le niveau d'aval n'est pas constant, il faut noyer la roue qui, alors, tournera dans le sens de l'eau ; on pourra prendre la roue à tête d'eau retournée ou la roue de poitrine.

Pour des hauteurs de *2 m. 60 à 4 mètres*, de faible débit (200 litres) et où le niveau et le volume sont constants, la roue à admission intérieure convient bien, mais il ne faut pas accoupler ce genre de récepteurs.

Si le débit est trop grand, on noie cette roue de quelques centimètres; au delà d'un petit débit, donner la préférence à la roue de poitrine, surtout si le niveau d'amont et le volume sont variables.

La roue Sagebien, quand le travail est régulier, ou, sinon, la roue de côté lente, donnent le meilleur résultat pour des chutes de *2 m. 60 à 1 m. 50*.

Avec des chutes de *1 m. 50 à 0 m. 90*, niveau d'amont et volume constants, employer la roue de côté lente, la roue Sagebien ou la roue à aubes courbes dite Poncelet, suivant que le travail est régulier ou non. Si le niveau d'amont et le volume sont variables, prendre la roue mixte, la roue à aubes courbes ou la roue Sagebien, en se guidant sur les autres données du problème.

Pour des chutes *inférieures à 0 m. 90*, il convient d'établir une roue Poncelet ou une roue Sagebien, selon les cas ; enfin, si l'on devait marcher par éclusées, c'est que le niveau d'amont le plus bas pourrait correspondre, à de certains moments, au niveau maximum de l'aval.

II. Dimensions principales.

a) *Roues en dessus sans tête d'eau.*

Les questions à résoudre sont les suivantes :

1° Choix de la charge au-dessus de l'orifice du déversoir

$$z = 0 \text{ m. } 10 \text{ à } 0 \text{ m. } 20;$$

2° Diamètre ;

3° Vitesse d'arrivée de l'eau V ; il faut calculer la parabole du filet moyen, ainsi que nous l'avons vu ;

4° Nombre de tours de la roue ;

5° Profondeur des augets :

6° Tracé de la parabole décrite par la veine moyenne ;

7° Tracé de la forme des augets ;

8° Nombre des augets ;

9° Largeur de la roue et du vannage ;

10° Déversement anticipé (commencement et fin et estimation du travail perdu) ; examen de la nécessité de construire un col de cygne ;

11° Rendement théorique.

b) *Roues en dessus à tête d'eau* (fig. 843).

La seule différence qu'il y a, dans les calculs et tracés, avec la roue sans tête d'eau, réside dans la détermination de la hauteur de cette tête d'eau.

Si le niveau d'amont subit des variations considérables,

il faut s'imposer la condition que les vitesses atteintes par l'eau restent dans la limite de

$$\frac{V'}{V''} = 1,25$$

V′ correspondant au niveau maximum;
V″ » » minimum;

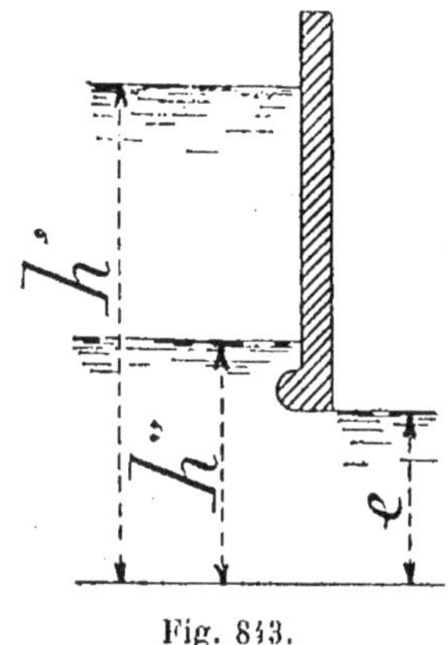

Fig. 843.

$$\frac{V'}{V''} = \frac{\sqrt{2g\,(h' - 0,8e')}}{\sqrt{2g\,(h'' - 0,8e'')}}$$

Mais, comme, à cause de l'ouverture de la vanne

$$0,8e' = 0,8e''$$

$$\frac{V'}{V''} = \frac{\sqrt{h'}}{\sqrt{h''}}$$

soit

$$\frac{V'^2}{V''^2} = \frac{h'}{h''}$$

h' et h'' sont inconnues; on n'a comme élément que leur différence $h' - h''$; on peut donc écrire

$$\frac{V'^2 - V''^2}{V''^2} = \frac{h' - h''}{h''} = \overline{1,25}^2 - 1$$

$$\frac{V'^2 - V''^2}{V''^2} = 0,5625$$

d'où l'on peut déduire h'' et h', tout en calculant, comme vérification, si la variation de niveau n'est pas exagérée.

c) *Roues de poitrine.*

Avec un niveau d'amont constant, il convient de ne disposer qu'un ajutage ; mais, s'il était variable, on prévoirait plusieurs ajutages et leur forme serait étudiée pour que l'arrivée du liquide n'ait pas lieu en rencontrant les augets en dessous.

Comme ci-dessus, il faut :

1° Déterminer la tête d'eau (minimum 0 m. 40) ; elle se compte à partir du centre de gravité de l'orifice ;

2° Choisir la profondeur des augets ;

3° Arrêter le diamètre de la roue ;

4° Déterminer V, la vitesse d'entrée de l'eau ; v, celle de la roue, ainsi que la direction des ajutages ;

5° Tracer les augets définitifs ;

6° Rechercher le nombre des augets ;

7° Calculer la largeur de la roue et celle du vannage ;

8° Se rendre compte du déversement anticipé et toujours prévoir un col de cygne ;

9° Déterminer le rendement.

d) *Roue à admission intérieure.*

En général, elle doit s'employer quand le niveau d'amont est à peu près constant; toutefois si ce niveau est sujet à des variations appréciables, il faut recourir à un ajutage.

Le diamètre maximum est pris égal à la chute totale augmentée de 1 mètre environ et l'immersion, en appelant K le coefficient de remplissage, qui varie d'un tiers à un demi, doit être de

$$(R - r) K$$

ainsi que nous l'avons dit ci-dessus.

e) *Roues de côté lentes ou roues mixtes.*

L'ordre des diverses questions est celui-ci :

1° Epaisseur de la lame d'eau et levée de la vanne;
2° Débit par mètre de largeur;
3° Largeur du vannage et de la roue;
4° Détermination de la valeur et de la direction de V et v, ainsi que de la forme de l'aubage;
5° Diamètre de la roue et immersion;
6° Nombre et forme définitive des aubes;
7° Nombre de tours du récepteur;
8° Profondeur des aubages et ressaut;
9° Rendement, au moyen des pertes de travail.

f) Roue Sagebien.

1° Vitesse de l'eau dans le canal d'amenée;

2° Vitesse de la roue;

3° Diamètre;

4° Immersion;

5° Tracé des aubes;

Il est nécessaire de signaler ici que ces deux derniers points (4° et 5°) se résolvent par approximations successives.

6° Vérification des conditions que doit remplir l'aubage;

7° Nombre de tours;

8° Nombre des aubes et leur écartement;

9° Estimation des pertes de travail; calcul du rendement.

g) Roue Poncelet.

1° Levée de la vanne; épaisseur de lame d'eau;

2° Diamètre;

3° Coursier;

4° Vitesses V et v;

5° Nombre de tours de la roue;

6° Largeur de la roue (égale à celle du vannage);

7° Profondeur de l'aubage;

8° Tracé des aubes;

9° Nombre et écartement des aubes;

10° Immersion; il ne faut pas noyer la roue si le niveau

d'aval est constant, tandis que, s'il est variable, elle doit marcher noyée ;

11° Rendement.

III. Calcul du vannage.

Lorsque c'est le bois que l'on emploie pour sa construction, on ne doit pas (fig. 844) lui donner partout la même

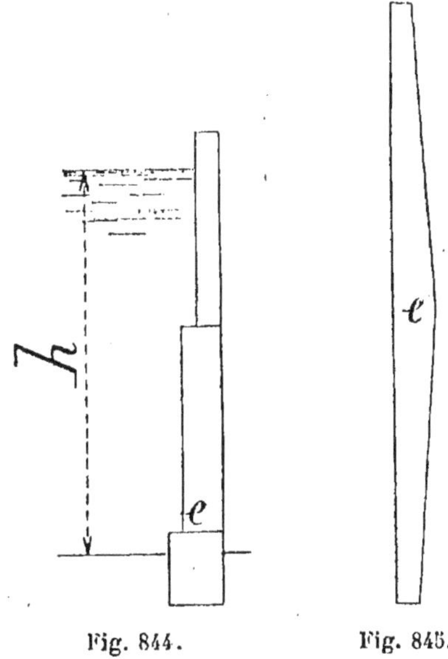

Fig. 844. Fig. 845.

épaisseur, pour peu que l'eau atteigne une certaine profondeur ; l'effort est, par redent,

$$p = 1 \times 0{,}01 \times h \times 1.000 = 10h$$

Le moment de flexion est donc, par application des formules de la résistance des matériaux :

$$\mu = \frac{pl^2}{8} = \frac{10lh^2}{8}$$

R = résistance ;

$\frac{I}{v}$ = moment d'inertie ;

$$R = \frac{\mu}{\frac{I}{v}}$$

et comme I = 0,10, il reste pour l'épaisseur à la base (fig. 845) en supposant R = 300.000 k. pour le bois

$$e = \frac{l}{20}\sqrt{h}$$

Avec la fonte ou le fer, R = 1.500.000 k.

$$e = \frac{l}{20}\sqrt{\frac{h}{5}}$$

Mécanisme de manœuvre. — La vanne doit être soulevée par l'action d'un seul homme exerçant un effort de 12 k. sur une manivelle ayant 0,30 de bras de levier ; soit

π = poids de la vanne ;
p' = pression de l'eau sur le vannage ;
P = pression de la vanne normalement à la coulisse ;
α = angle de la vanne et de la verticale.

1° Vanne inclinée,

$$p' = \frac{1.000\, lh^2}{2 \cos \alpha}$$

P = poussée de l'eau + poids de la vanne (décomposé normalement aux glissières).

$$P = p' + \pi \sin \alpha$$

Par conséquent la force nécessaire est

$$F = fP + \pi \cos \alpha$$

$f =$ coefficient de frottement ;
$\pi \cos \alpha =$ poids selon la vanne.

2° En inclinant la vanne en sens inverse, c'est-à-dire dans le sens du courant,

$$P = \pi \sin \alpha + p'$$
$$F = fP + \pi \cos \alpha$$

Quand la vanne a une certaine longueur ou, autrement dit, si h est considérable, on emploie une contre-vanne, pour laquelle (fig. 847)

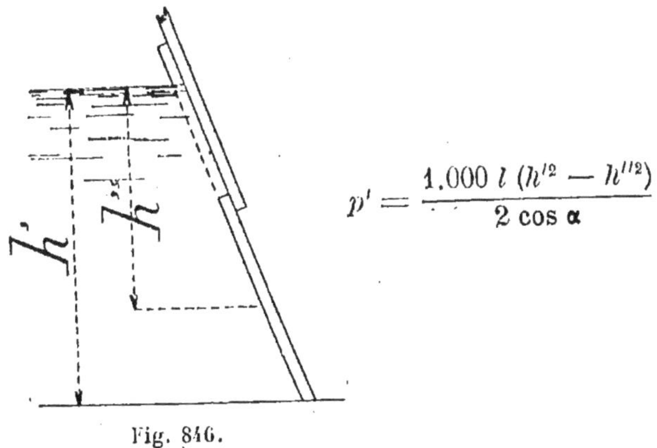

$$p' = \frac{1.000\, l\, (h'^2 - h''^2)}{2 \cos \alpha}$$

Fig. 846.

IV. Résistance des matériaux.

On calcule, nécessairement, les pièces pour les efforts qui peuvent être déterminés ; si ces efforts sont inconnus, on établit les dimensions par comparaison avec des roues à peu près similaires.

1° *Transmission.* — Elle se fait par engrenages principaux dont le nombre de dents doit être multiple de celui des bras ;

r = rayon du pignon ;
T = travail à transmettre ;
t = nombre de tours ;
m = coefficient variant de 3 à 6 pour de puissantes roues.

$$r = 89{,}5 \sqrt{\frac{T}{mt}} \text{ pour fonte sur fonte.}$$

$$r = 107{,}4 \sqrt{\frac{T}{mt}} \text{ par fonte sur bois.}$$

Quant à la résistance R adoptée par le calcul des dents d'engrenage, on lui donne les valeurs du tableau ci-dessous H :

Tableau H.

MATIÈRES	SANS CHOCS	AVEC CHOCS
Bois . . .	600.000 k	400 000 k
Fonte. . . .	1.500.000 à 2 000.000	800.000 à 1.000.000
Fer.	3 000.000 à 4.000.000	2 000.000 à 3.000.000

2° *Arbres de transmission.*

$$d = \sqrt[3]{\frac{KA}{N}}$$

d = diamètre en centimètres ;
A = travail en kilogrammètres par minute ;
N = nombre de tours par minute ;
K = coefficient variant de 0,50 (pour un travail régulier) à 0,75 (pour un travail transmis avec chocs).

3° *Roue.*

π = poids de la roue, établi approximativement par comparaison ;

Pp = force tangentielle à 1 mètre de la roue ou couple de torsion.

Il faut calculer l'arbre et les bras pour la roue en charge ; la roue Sagebien et la roue Poncelet ne sont pas susceptibles de se charger.

$$Pp = \frac{PHR \times 60}{2\pi \ NK}$$

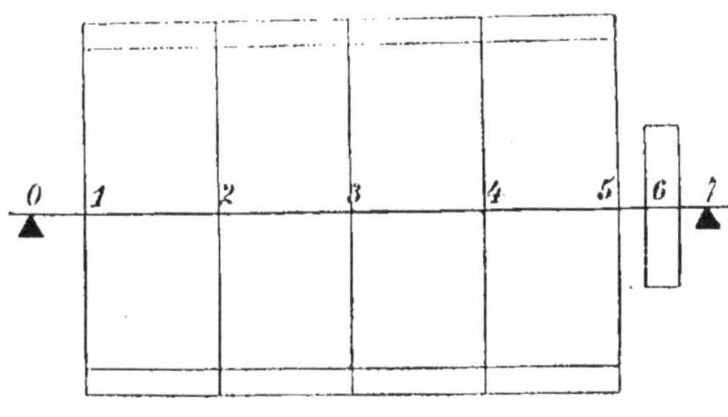

Fig. 847.

P = volume ou poids d'eau par seconde ;
H = chute ;
R = rendement ;
K = coefficient de remplissage ;
N = Nombre de tours du moteur.

Arbre du moteur. — L'effort tangentiel et le travail

transmis étant dans le même rapport, on admet que le couple de torsion est moitié moindre pour les bras extrêmes de la roue; m étant le nombre de travées de la roue (fig. 847), on a, pour la transmission par les

bras extrêmes $\frac{Pp}{2m}$

bras intermédiaires $\frac{Pp}{m}$

de sorte que, selon le nombre des bras, on obtient successivement

$$1 - \frac{Pp}{2m}$$
$$2 - \frac{Pp}{m} + \frac{Pp}{2m}$$
$$3 - \frac{Pp}{2m} + \frac{Pp}{m}$$
$$4 - \frac{Pp}{2m} + \frac{Pp}{2m}$$
$$5 - Pp$$

De 5 à 6, le couple est constant et reste égal à Pp; de 6 en 7, le couple est nul, sauf pour les paliers.

On admet, en outre, le même principe pour le moment fléchissant et, si π représente le poids de la roue et π' celui de l'eau contenue,

$\frac{\pi + \pi'}{2m}$ s'applique aux bras extrêmes,

$\frac{\pi + \pi'}{m}$ — intermédiaires.

Pour calculer la charge en 6, à l'endroit d'une roue de

transmission, il faut en connaître d'abord le poids ; soit π' ce poids et r' le rayon

$$\frac{Pp}{r'} = \pi''$$

On ajoutera les valeurs de 1 à 6 et on pourra alors écrire l'équation des moments par rapport au point O.

Section. — Le moment est égal à la réaction, multipliée par la distance du bras de levier ; de plus il faut calculer l'effort tranchant ; c'est la différence des deux forces ; toutes ces quantités calculées, on dresse un tableau I de la forme ci-dessous :

Tableau I.

SECTION	P p	μ	T
0 1 2 3 4 5 6			

et on introduit les éléments correspondants dans la formule

$$d = \sqrt[3]{\frac{16}{\mu R}\sqrt{\overline{Pp}^{\,2} + 4\,\mu^2 + 0{,}014\ T}}$$

Cependant, comme pour le point 7 la valeur serait trop faible, en raison de ce qu'il faut tenir compte du graissage, on calcule le *tourillon* par la formule ci-après où on a pris 25 k. par c. m²:

$$d = \sqrt[3]{\frac{T}{400,000}}$$

Bras. — Ils doivent résister aux moments fléchissants, qui se développent dans la section d'encastrement, et en tenant compte du poids de la roue et du poids de l'eau; cependant, dans certains cas, il faudra les calculer à la traction et vérifier si le coefficient de résistance adopté n'a pas été dépassé.

CHAPITRE TROISIÈME

TURBINES

Dans les turbines, récepteurs souvent disposés avec leur axe de rotation vertical, mais non absolument, l'eau d'arrivée conserve toujours le même sens dans son mouvement relatif ; ces récepteurs n'ont aucun rapport avec les roues à augets ou les roues à aubes planes en-dessous ; mais les roues Poncelet et les roues à admission intérieure s'en rapprochent.

La comparaison entre les turbines et les roues n'est pas à l'avantage de ces dernières ; celles-là, construites avec tous les soins et les perfectionnements les plus modernes, donnent au moins 80 pour 100 de rendement, très couramment, et l'effet utile atteint et dépasse parfois 90 pour 100, chiffre relevé dans des circonstances qui n'avaient rien d'exceptionnel, et que les roues ordinaires n'ont jamais donné ; au point de vue de l'équilibre, l'eau agit en même temps sur des points diamétralement opposés et, sauf quelques exceptions, parallèlement à l'axe ; l'arbre ne subit donc pas de pression et aucune action latérale n'a lieu, de ce fait, sur les pivots ou colliers.

En outre, la turbine peut marcher noyée, à part certaines

que nous signalerons à propos des variations du volume d'eau ; de ce qu'elle peut être immergée, on comprend le bénéfice que l'on peut tirer d'abaisser la turbine de façon à profiter des plus bas niveaux d'étiage, surtout lorsque la chute n'est pas considérable : 1 mètre ou 2, où, en général, on a de fortes variations de niveau ; cette disposition permet aussi de la faire tourner pendant les gelées et d'agencer toute la transmission de commande immédiatement au-dessus du récepteur.

Presque toujours, les turbines admettent l'eau sur toute leur circonférence, ce qui n'a pas lieu pour les roues. Par conséquent, une turbine n'exigera qu'un diamètre fort restreint pour fonctionner sous une chute et avec un volume donnés ; ce petit diamètre entraînera un nombre de tours beaucoup plus considérable, dont bénéficiera la transmission, sous le rapport du prix de premier établissement ou d'entretien.

Enfin elle est construite en métal et marche dans n'importe quel sens.

Néanmoins elles présentent quelques inconvénients spéciaux à chacune d'elles et que nous signalerons au fur et à mesure de leur description ; on contrebalance leur obstruction, par les corps étrangers ou les glaces, au moyen de grillages; elles exigent une chambre d'eau pour que le radier de fuite soit plus bas que les roues ordinaires.

On distingue deux systèmes de turbines selon qu'elles versent l'eau en dessous ou latéralement, c'est-à-dire : 1° parallèlement à l'axe ou 2° dans un plan d'équerre et à plus grande distance de l'axe. Suivant donc la direction de l'action de l'eau, il y a :

Les **turbines parallèles** ou à couronnes superposées, dans lesquelles l'eau se meut en restant toujours à la même distance de l'axe Z : turbine *Fontaine* ;

Les **turbines centrifuges** où l'eau a une direction s'éloignant de l'axe et dans un plan perpendiculaire : turbine *Fourneyron ;*

Les **turbines centripètes** ; l'eau se meut dans un plan perpendiculaire à l'axe, mais en s'en rapprochant ;

Les **turbines mixtes**, qui participent à la fois soit de la première catégorie et de la seconde, soit de la deuxième et de la troisième : turbine **américaine.**

Il y aurait encore lieu de les classer, si l'on voulait, en turbines à axes horizontal ou à axe vertical ; les unes et les autres comprennent les turbines pouvant recevoir l'eau sur toute la circonférence et celles ne la recevant que sur une fraction de leur pourtour.

Disposition générale. — On dispose le plus souvent ces récepteurs ainsi qu'il suit : le canal d'amenée débouche dans une *chambre d'eau* qui est formée par les prolongements des murs latéraux de ce canal et par une cloison de retenue perpendiculaire à la direction du courant.

Dans le fond de la chambre d'eau est emboîté le distributeur ou *couronne fixe*, servant à guider le liquide et à diriger les veines d'eau vers l'entrée des vannages de la turbine mobile proprement dite ; ce distributeur est divisé par un certain nombre d'aubes courbes, dont nous parlerons dans la suite ; il est solidement assujetti au fond de la chambre d'eau.

Quant à la *couronne mobile*, mise en mouvement par les filets s'échappant de la couronne fixe, elle se place contre celle-ci, en dessous et avec très peu de jeu, et elle est constituée également par des aubes équidistantes.

L'arrivée d'eau dans la turbine se fait par un tuyau creux en fonte, par une cuvette ou par une série de bras, de sorte que l'arbre du récepteur peut s'élever librement hors de l'eau.

Vitesse relative. — En raison de l'importance qu'il y a à bien diriger les filets liquides dans les aubages pour obtenir le meilleur rendement possible, nous croyons bon de rappeler ici ce qui a été dit en *Mécanique générale* à propos de la composition des vitesses, en l'appliquant au cas spécial qui nous occupe.

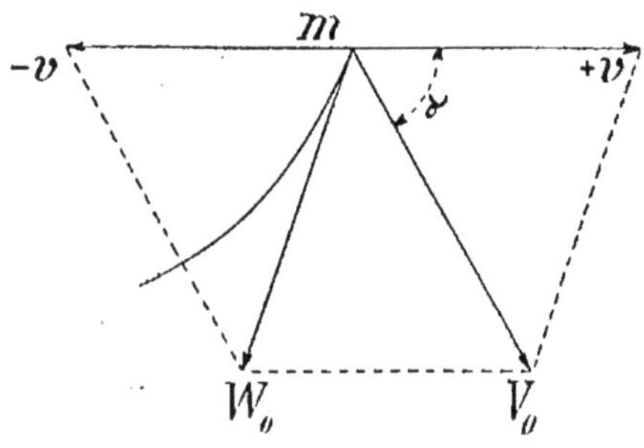

Fig. 848.

Supposons que nous coupions les aubes par un cylindre, ayant même axe que la turbine, et au milieu de leur couronne; puis que nous développions ce cylindre; nous obtiendrons ainsi le profil de ces aubes; appelons (fig. 848) v la vitesse de la roue au point milieu de la largeur d'une aube; V_0 la vitesse d'arrivée de l'eau sur la roue; cette dernière serait dirigée selon la verticale si la couronne était immobile; mais, en raison du déplacement de l'aubage, la vitesse de l'eau par rapport à l'aube est inclinée sur l'horizontale et fait un angle α; de sorte que la vitesse relative W_0 d'arrivée de l'eau contre l'aube est égale à la résultante mW_0 de la vitesse v, prise égale et de sens contraire à la vitesse de la roue et de V_0.

Entre ces trois quantités, existe la relation

$$W_0^2 = V_0^2 + v^2 - 2 \times V_0 v \cos \alpha$$

Turbine d'Euler. — C'est la plus ancienne ; elle date de 1754 mais a été fort perfectionnée depuis ; elle est à axe vertical ; elle marche immergée ou non et convient pour des volumes et des niveaux constants.

La valeur de V_0, dans la formule générale

$$V_0 = \sqrt{2gH}$$

doit être affectée d'un coefficient de correction variant de 0,85 à 0,95. Dans cette turbine, les aubes directrices peuvent être soit fondues avec la couronne, soit rapportées et être faites de tôle de fer ou d'acier ; le laiton convient pour des eaux incrustantes ; plus les épaisseurs de ces aubes sont faibles, meilleur est le rendement, car elles diminuent forcément la capacité libre.

Pour qu'il n'y ait pas de choc à l'entrée, le premier élément de chaque aube directrice doit être vertical ; on suppose, d'ailleurs, que l'on peut négliger la vitesse dans la chambre d'eau, car elle est, en général, assez faible. Ce premier élément présente un tranchant dont la face postérieure est parallèle à W_0.

La théorie des turbines ne peut être établie et celles-ci ne sauraient être calculées sans que l'on connaisse les diverses formules qui s'y rapportent ; c'est pourquoi nous entrerons, avant tout, dans les définitions indispensables suivantes (fig. 849) :

H = hauteur totale de chute, entre l'amont dont le niveau est mm' et l'aval, situé en nn' ;

h = distance verticale entre le niveau d'aval et le dessus de la couronne mobile ; positive si la turbine est immergée, négative dans le cas contraire ;

h' = hauteur de la couronne mobile ;

V_0 = vitesse absolue d'entrée de l'eau dans la turbine ;

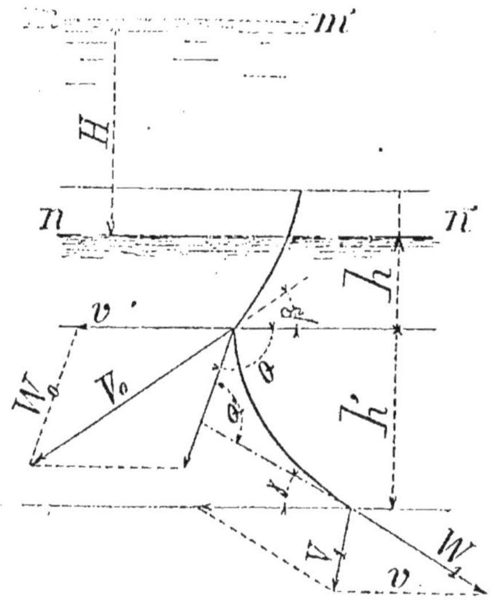

Fig. 849.

v = vitesse de rotation de la turbine, prise sur le cylindre moyen ;

W^0 = vitesse relative d'introduction de l'eau ;

W_1 = vitesse relative de sortie de l'eau ;

V_1 = vitesse absolue de sortie de l'eau ;

β = angle de la direction de V_0 avec l'horizontale ;

θ = » » W_0 avec l'horizontale ;

θ' = » » W_0 avec W_1 ;

γ = » » W_1 avec l'horizontale ;

$\frac{p_0}{\pi}$ = pression en amont;

$\frac{p}{\pi}$ = pression au point d'introduction de l'eau dans la couronne mobile;

R = rayon moyen de la turbine;

b = largeur de l'aube directrice (fig. 850);

b_1 = » » mobile à la partie supérieure;

b' = » » » » inférieure;

On a, pour une turbine immergée à couronnes super-

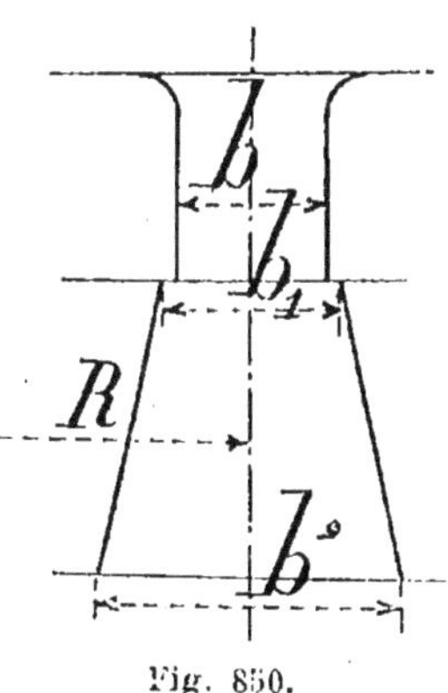

Fig. 850.

posées, les relations fondamentales suivantes, que nous connaissons déjà ou dont l'établissement n'est pas nécessaire dans cet ouvrage :

$$(1) \qquad v^2 = 2gH$$

$$(2) \qquad W_0^2 = v^2 + V^2 - 2vV \cos \beta$$

relative à l'entrée de l'eau sans choc sur l'aube ;

$$(3) \qquad W_1^2 = W_0^2 + 2g\left(\frac{p - p_0}{\pi} - h\right)$$

qui a trait à l'accélération de la vitesse relative W_0 en traversant la turbine de haut en bas.

Pour satisfaire à cette condition, il faut chercher à rendre les aubes mobiles aussi polies que possible ; en pratique, il faut admettre $W_1 < W_0$.

Afin que la sortie de l'eau soit très réduite, on applique la formule

$$(4) \qquad V_1^2 = 2v^2 (1 - \cos \gamma)$$

Plus l'ange γ sera petit, plus V_1 sera faible et le rendement sera élevé ; mais il ne faut cependant pas un changement de direction trop brusque et, à cet effet, θ' doit être au moins de 90 degrés.

On doit, en outre, satisfaire à une autre condition pour que l'entrée de l'eau ait lieu sans choc :

$$(5) \qquad \frac{v}{V_0} = \frac{\sin (\theta + \beta)}{\sin \theta}$$

et, dans le cas particulier où l'on aurait $W_1 = W_0 = v$

$$\frac{v}{V_0} = \frac{1}{2 \cos \beta}$$

Quant au débit, on le calcule, pour les sections d'entrée et de sortie, par la relation

$$(6) \qquad Q = 2\pi R \sin \beta \, b V_0 \stackrel{=}{<} 2\pi R \sin \gamma \, b' W_1 = Q'$$

ou

$$b V_0 \sin \beta \stackrel{=}{<} b' W_1 \sin \gamma$$

Mais, pour faire entrer dans ces formules l'épaisseur matérielle des aubes directrices et mobiles

$$(6\ bis) \qquad Q \overset{=}{<} (2\pi R \sin \beta - n\varepsilon)\, bV_0K \overset{=}{<}$$

$$\overset{=}{<} Q' = (2\pi R \sin \gamma - n'\varepsilon')\, b'W_1$$

n = nombre d'aubes de la couronne directrice;
n' = » » » mobile;
ε = épaisseur d'aubes de la couronne directrice;
ε' = » » » mobile;
K = 0,95 à 0,98.

Entre v et V_0, nous avons vu plus haut qu'il existait la relation

$$(7) \qquad v = \frac{V_0}{2 \cos \beta}$$

qui fait voir que, selon la valeur de β, on a une turbine à petite ou à grande vitesse ; dans le cas où $\beta < 30$ degrés, c'est une turbine à petite vitesse ; c'est un récepteur à grande vitesse si $\beta > 30$ degrés.

Enfin, en ce qui concerne l'influence de l'évasement, ou $\frac{b'}{b}$, sur l'effet utile, on a

$$(8) \qquad V_1^2 = 2gH \frac{b}{b'} \text{tang.}\ \beta \left(\frac{1 - \cos \gamma}{\sin \gamma}\right) =$$

$$= 2gH \frac{b}{b'} \text{tang.}\ \beta \times \text{tang.} \left(\frac{1}{2}\gamma\right)$$

Lorsque la turbine n'est pas immergée, avec des niveaux et volume constants, on se sert des formules ci-après ; pour vitesse absolue d'introduction de l'eau

$$(1') \qquad V_0^2 = 2g\,(H - h)$$

En pratique, il est nécessaire de multiplier par 0,85 à 0,90 la valeur trouvée pour V_0 ;

$$(2') \qquad W_0^2 = V_0^2 + v^2 - 2V_0 v \cos \beta$$

pour que l'entrée de l'eau se fasse sans choc ;

$$(3') \qquad W_1^2 = W_0^2 + 2gh'$$

$$(4') \qquad V_1^2 = 2v^2\,(1 - \cos \gamma)$$

$$(5') \qquad \frac{v}{V_0} = \frac{\sin(\theta + \beta)}{\sin \theta}$$

$W_0 < v$, puisque $W_0 < W_1$ et que $W_1 = v$

$$(6') \qquad Q = 2\pi R \sin \beta\, b V_0 \overset{=}{<} 2\pi R \sin \gamma\, b' W_1 = Q'$$

qui revient à

$$b V_0 \sin \beta = b' W_1 \sin \gamma$$

En pratique $Q' = 1,1$ à $1,2\,Q$

$$(7') \qquad v = \frac{V_0^2 + 2gh'}{2V_0 \cos \beta}$$

l'angle β servant à classer les turbines en petite ou grande vitesse.

L'influence de l'évasement b' sur l'effet utile est donné par la même relation que ci-dessus ; dans une turbine non immergée, il faut que h', hauteur de la couronne mobile, soit faible par rapport à H ; pour fixer les idées $\frac{h'}{H} = \frac{1}{100}$.

Le plus souvent, b est compris entre $\frac{R}{10}$ et $\frac{R}{5}$;

$$b_1 = b + (5 \text{ à } 10 \text{ millimètres})$$

$$\text{et } \frac{b'}{b},$$

évasement de la couronne mobile, varie de 1,5 à 2. Le nombre des aubes fixes doit être compris entre 36 et 80 et les épaisseurs des aubes sont de 5 à 10 millimètres pour la fonte, de 2 à 4 millimètres quand on les confectionne en tôle, variables enfin quand elles sont en bronze.

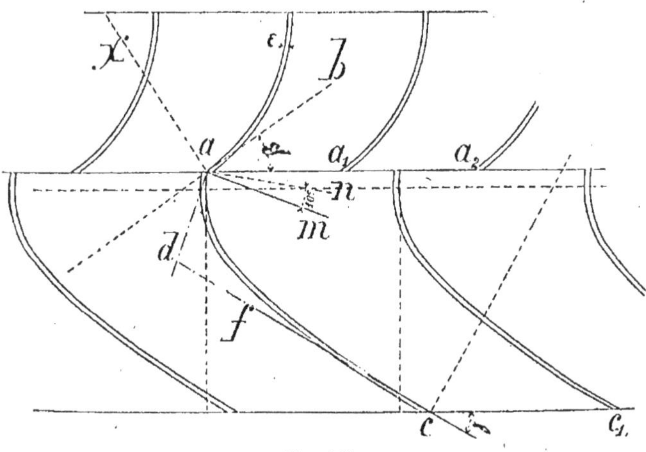

Fig. 851.

La hauteur du distributeur est généralement de 0,100 à 0,120 et celle de la turbine $h' = \frac{R}{3}$ à $\frac{R}{5}$; enfin le nombre des aubes mobiles doit être inférieur à celui des aubes directrices, pour éviter, en particulier, qu'un corps étranger ne soit arrêté à la sortie du distributeur ; on prend, par exemple, 48 à 60 aubes mobiles, lorsqu'il y a 60 à 80 aubes directrices.

Tracé des aubes. — Les aubes fixes et les aubes mobiles se tracent sur le développement du cylindre moyen. Le premier élément de chaque aube directrice doit être vertical et on suppose que la vitesse est assez faible dans la chambre d'eau pour être négligée (fig. 851).

On commence par déterminer le pas des aubes directrices

$$p = \frac{2\pi R}{n}$$

Par les points de division a, a_1,... on mène ab, a_1b_1.... faisant avec l'horizontale l'angle β; des points a, a_1.... on trace des perpendiculaires aux directions ab, a_1b_1.... et l'on raccorde par des arcs de cercle ab, a_1b_1.... ainsi que leurs parallèles menées à la distance ε égale à l'épaisseur des aubes directrices.

Pour les aubes mobiles, on porte le pas p', qui doit, nous l'avons vu, être un peu plus grand que celui des aubes directrices ; on mène ensuite ad, a_1d_1... parallèles à la direction W_0 ; puis am, a_1m_1... perpendiculaires à ad, a_1d_1..., et an, a_1n_1... faisant avec am des angles de 10 degrés. Par les points de division c, c_1... on mène des parallèles à W_1, faisant avec l'horizontale des angles γ, et l'on raccorde par un ou plusieurs arcs de cercle ad, a_1d_1... et cf, c_1f_1..., les centre des creux de l'aube se trouvant sur an, a_1n_1...

Turbine Jonval-Kœcklin (fig. 852). — Cette turbine s'emploie lorsque tout le débit d'eau disponible n'est pas entièrement utilisé par le moteur, ou encore lorsque l'on ne peut pas placer la turbine immédiatement au-dessus du niveau inférieur ; le rendement atteint 75 pour 100 lorsque l'eau agit sur tout le pourtour ; mais il diminue sensiblement lorsqu'elle n'agit que sur une partie de la circonférence.

Toutes les équations précédentes s'appliquent à ce genre de turbine, mais en remplaçant h par $(-h_1)$; h_1 ne doit pas dépasser 5 à 6 mètres, et h = distance au-dessous du niveau d'amont doit être de 1 mètre au minimum.

Le diamètre de cette turbine ne dépasse pas 3 m. 30 et, dans ces conditions, avec une chute de 1 m. 50, le débit

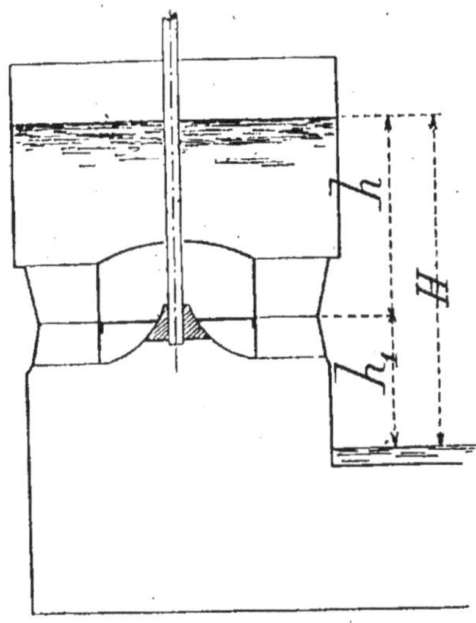

Fig 852.

est de 10 mètres cubes ce qui est un maximum pour une turbine unique.

Turbine Fourneyron (fig. 853). — Comme dans la turbine d'Euler l'installation comporte une chambre d'eau, mais le centre de la turbine est libre; une cuve en fonte est fixée au fond et au centre de la chambre d'eau; le long de cette cuve fixe, coulisse verticalement une autre cuve manœuvrée de l'usine par des tringles verticales; une garniture en cuir fait joint entre les deux cuves.

Quand la cuve mobile est abaissée, elle repose sur un

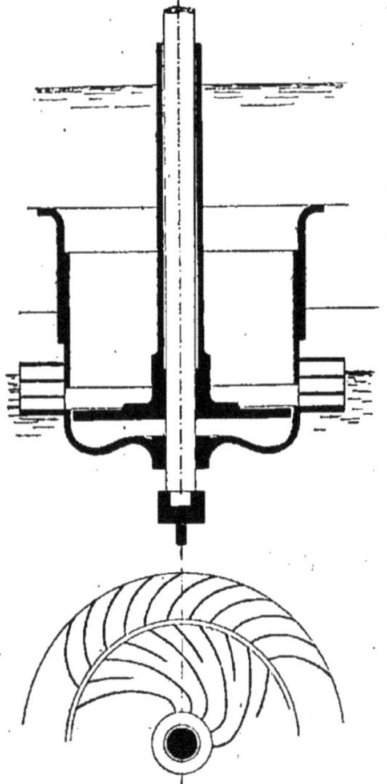

Fig. 853.

plateau en fonte, relié par un moyeu à l'arbre creux ou tuyau porte-fond, et boulonné sous le plancher de la chambre d'eau. C'est ce plateau en fonte qui porte le distributeur, pourvu de cloisons directrices à génératrices verticales et interrompues de deux en deux (fig. 853).

Quand la cuve mobile est complètement soulevée, la turbine fonctionne et l'arbre tourne dans une crapaudine supportée par un levier qui permet de maintenir la turbine en face du distributeur. Enfin, pour éviter les remous que causerait le changement brusque de direction de l'eau, on garnit la partie inférieure de la cuve mobile d'appendices en bois ou en bronze, arrondis sur les bords; ces appen-

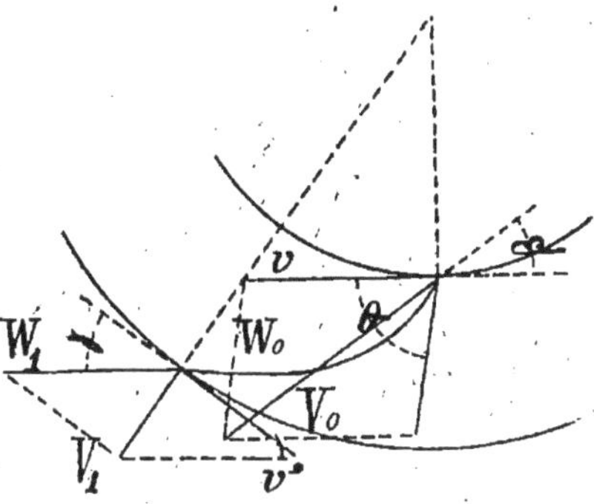

Fig. 854.

dices sont discontinus et leur largeur est celle comprise entre deux cloisons directrices.

La vitesse absolue V_0 d'introduction de l'eau dans la turbine (fig. 854) :

$$V_0^2 = 2g\left(H + h + \frac{p_0}{\pi} - \frac{p}{\pi}\right)$$

W_0, la vitesse relative de l'eau à son entrée dans la turbine, direction du premier élément des aubes.

$$W_0^2 = V^2 + v^2 - 2V_0 v \cos \beta$$

W_1, vitesse relative de l'eau à sa sortie ou direction du dernier élément de l'aube est

$$W_1^2 = W_0^2 + v'^2 - v^2 + 2g\left(\frac{p - p_0}{\pi} - h\right)$$

v = vitesse à la circonférence intérieure de la turbine;
v' = vitesse à la circonférence extérieure de la turbine.

Pratiquement, $W_1^2 = W_0^2 + v'^2 - v^2$
avec la relation

$$\frac{v}{v'} = \frac{R}{R'}$$

La vitesse absolue V_1 de l'eau, à la sortie de la turbine

$$V_1^2 = W_1^2 + v'^2 - 2\, W_1\, v' \cos \gamma$$

Si $W_1 = v'$,

$$V_1^2 = 2v'^2\,(1 - \cos \gamma)$$

Entre v et V_0 on a la relation

$$\frac{v}{V_0} = \frac{\sin\,(\beta + 0)}{\sin\,0}$$

Enfin, dans le cas d'une turbine immergée $Q = Q'$;

Dans le cas d'une turbine non immergée $Q = 1{,}1$ à $1{,}2\,Q$.

La section horizontale de la cuve doit se calculer avec la condition que la vitesse moyenne de descente de l'eau ne dépasse pas un cinquième de la vitesse due à la chute

$$U = \frac{Q}{\omega} \text{ et } U = \frac{1}{5}\sqrt{2gH}$$

alors que v ne doit pas dépasser 1 mètre par seconde; c'est le cas des basses chutes.

Rayon intérieur. — Soit ρ_0 le rayon du tuyau porte-fond et ρ, le rayon extérieur du distributeur

$$\pi\,(\rho^2 - \rho_0^2) = \frac{Q}{1{,}00}$$

$$\rho = \sqrt{\frac{Q + \pi\rho_0^2}{\pi}}$$

Le rayon r intérieur de la turbine est alors

$$r = \rho + 0 \text{ m. } 002$$

r' = rayon extérieur de la couronne mobile est compris entre 1,2 et 1,5 r;

b = 0,05 à 0,12 r;

b' = 1,5 à 2,5 b si on place la turbine au-dessus du niveau d'aval.

Pour une turbine Fourneyron immergée, il résulte que, avec des levées de la vanne c'est-à-dire de la cuve mobile, variant de 0 m. 09 à 0 m. 145 — 0,20 — 0,30 — 0,35, les rendements sont respectivement 0 49 — 0,58 — 0,67 — 0,69 — 0,71.

Vannages partiels et hydropneumatisation. — Les vannages des turbines Fontaine-Girard et Fourneyron sont durs à manœuvrer; quand une turbine doit utiliser une chute à débit variable, on ne peut réduire la section de tous les orifices parce que la perte de travail serait trop considérable; on ouvre, au contraire, en grand, un nombre variable d'orifices; de là l'emploi des vannages partiels et de l'hydropneumatisation.

Ce dernier procédé est une application de la cloche à plongeur ; il permet d'obtenir la marche à libre déviation en se servant d'une machine soufflante et en faisant affleurer le niveau de l'eau avec le plan inférieur de la couronne mobile; dans ces conditions, la turbine fonctionne dans l'air.

Dans les turbines, le pivot doit être calculé avec soin;
P = charge totale;
d = diamètre du pivot ;

$$P = \frac{\pi d^2}{4} R$$

$$d = 2\sqrt{\frac{P}{\pi R}}$$

R = coefficient de résistance, ne doit guère dépasser 2 k. par millimètre carré.

Turbines centripètes (fig. 855). — La couronne directrice repose sur la maçonnerie et l'enveloppe fait partie de la couronne mobile;

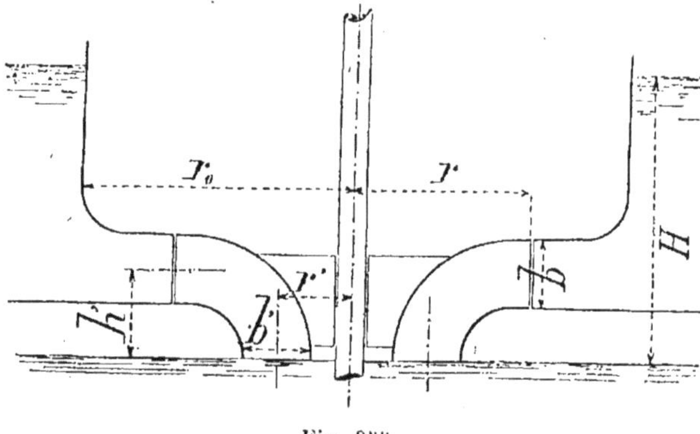

Fig. 855.

r = rayon extérieur de la couronne mobile;
r' = rayon intérieur de la couronne mobile;
r_0 = rayon extérieur de la couronne directrice;

$$Q = \pi r'^2 U$$

avec

$$U = \frac{1}{7} \text{ à } \frac{1}{5} \text{ de } \sqrt{2gH}$$

$$r = 1{,}5 \text{ à } 2{,}0\, r'$$

$$\frac{r_0}{r} = 1{,}15 \text{ à } 1{,}25$$

Ces turbines ont l'avantage de pouvoir être maintenues facilement à une vitesse constante.

Turbines mixtes, dites Turbines américaines. — Ces turbines sont parallèles centripètes; l'eau se meut dans la couronne mobile d'abord en s'éloignant de la circonférence, puis en s'écoulant parallèlement à l'axe; les aubes sont donc à double courbure.

Dans ce type de turbine, le rapport de la hauteur de la couronne directrice au rayon de la couronne mobile est toujours assez considérable; l'angle de sortie de l'eau des aubes mobiles est faible; le périmètre de sortie des aubes mobiles est généralement curviligne et aussi grand que possible; enfin les aubes mobiles sont constituées par des surfaces hélicoïdales ou ellipsoïdales.

Les formules données pour les turbines parallèles et centrifuges s'appliquent aux turbines mixtes; toutefois W_1 = vitesse relative de l'eau à la sortie de l'élément est

$$W_1^2 = W_0^2 + v'^2 - v^2 + 2gh'$$

et, comme $$v' = \frac{vr'}{r}$$

$$W_1^2 = W_0^2 + v^2 \left(\frac{r'^2}{r^2} - 1\right) + gh' 2$$

Si l'on pose $$W_1 = v'$$

$$W_0^2 = v^2 - 2gh'$$

W_0^2 est donc plus petit que v^2.

Turbine Hercule. — Parmi les turbines américaines qui ont été importées en France et qu'on y a perfectionnées en appliquant nos procédés de calcul à leur établissement, nous citerons d'abord la turbine Hercule, améliorée encore par la suite, sous le nom de turbine Hercule-Progrès, à la suite de très nombreuses installations.

Ses organes ont été l'objet d'études et d'expériences pratiques toutes particulières qui assurent, quel que soit le degré d'admission, un effet utile supérieur à bien d'autres systèmes.

Même en temps de sécheresse, où le débit est des plus restreints, et, a fortiori, avec pleine admission, le rendement reste convenable ; elle convient donc pour des cours d'eau à débit très variable.

Cette turbine marche toujours noyée et fonctionne aussi bien lors d'un relèvement du niveau d'aval, en temps de crues, à condition bien entendu, qu'il y ait une différence entre les niveaux d'amont et d'aval. Cela permet, par conséquent, d'utiliser la chute totale dont on dispose, ce qui est très important dans les basses chutes avec grand débit.

Sa vitesse est très grande, ce qui, pour les basses chutes surtout, constitue un avantage quant à l'emploi des transmissions plus légères et moins coûteuses. Elle n'exige que

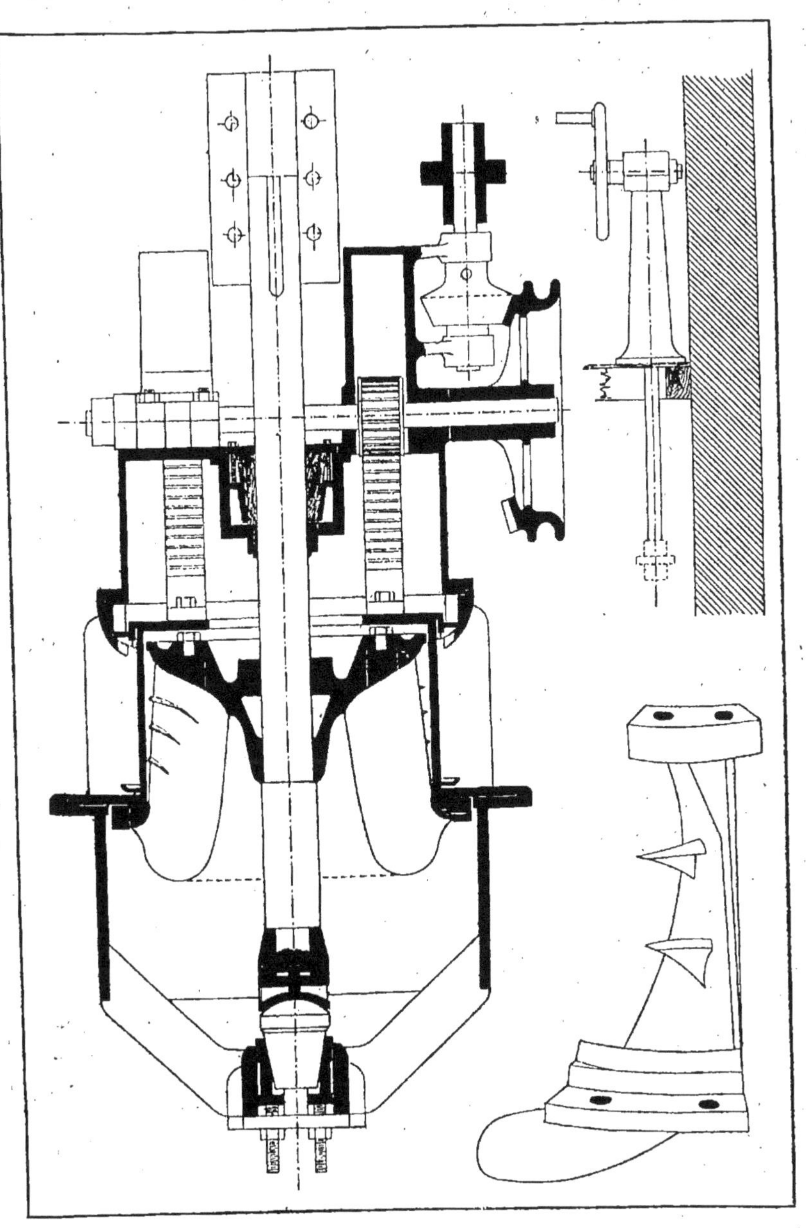

Fig. 856, 857, 858.

peu de place pour son installation, c'est-à-dire sans fondations sous l'eau et parfois en sous-œuvre.

Elle peut marcher depuis 70 litres débités à la seconde jusqu'à un volume de 11 mètres cubes dans le même temps et sous des hauteurs de chute allant de 1 mètre à 12 m. 50.

Sa simplicité, au profit de laquelle toutes les parties mobiles, telles que clapets et vannettes, ont été supprimées, fait qu'elle peut être mise en place par n'importe quel ouvrier mécanicien.

Turbine Hercule-Progrès (fig. 856-57-58). — En outre de son rendement élevé, ce qui caractérise ce dernier modèle c'est que la force disponible sur l'arbre, bien que restant proportionnelle au débit, éprouve relativement peu de variations, quant au rendement, par rapport à la puissance brute de la chute d'eau.

Le principe de ce moteur réside dans le mode d'action de l'eau affluante qui, introduite horizontalement par des aubes fixes directrices dans une direction centripète contre les aubes mobiles, agit d'abord sur ces aubes du récepteur par force vive; puis, en vertu de la pesanteur, cette eau travaille par réaction dans un sens parallèle à l'axe vertical; c'est donc par la combinaison de ces deux effets : impulsion et charge d'eau, sur des aubes mobiles à double courbure, que l'on utilise aussi rationnellement et complètement que possible toute l'énergie de la chute.

La configuration des aubes mobiles est, en outre, déterminée de façon à ce que la force centrifuge, qui est souvent une cause de perte dans d'autres systèmes, s'ajoute au contraire à l'action de l'eau; la pression effective à la circonférence acquiert ainsi une valeur d'environ moitié de celle de l'eau dans la chambre d'eau, correspondant, de la sorte, au chiffre indiqué par le calcul comme le plus favorable au rendement.

Une autre considération, celle de la variation dans le volume d'eau disponible, a conduit les constructeurs à diviser chaque aube, dans le sens de la hauteur, en un certain nombre de compartiments que forment de petites cloisons directrices venues de fonte avec elle.

Il est à remarquer, en effet, que les conditions de passage du fluide dans les aubes ont été la préoccupation constante des hydrauliciens; en général, pour la marche avec admission partielle, la réduction du débit n'est obtenue qu'en fermant complètement soit un seul, soit un plus grand nombre des orifices du distributeur, soit en opérant la réduction partielle de tous les orifices; dans ces conditions, la capacité totale de l'aubage est invariable; seul le rapport de la section des orifices d'entrée à celle du récepteur est modifié et l'eau arrive dans un espace disproportionné, de sorte que la veine est déviée de sa direction théorique et qu'il se produit des remous annulant en grande partie l'action des filets sur les aubes, d'où une perte notable d'effet utile correspondante.

Il se produit même, dans certains vannages, qu'une fermeture partielle change encore la direction des filets liquides; enfin, dans plusieurs systèmes, les directrices sont mobiles et obturent l'entrée en se rapprochant l'une contre l'autre; les veines d'eau sont donc mal dirigées, divisées et laminées entre la vanne et le distributeur, ajoutant une nouvelle résistance d'écoulement aux autres motifs de perte.

Dans la turbine Hercule-Progrès, la vanne se lève, le long du cylindre extérieur des aubes mobiles, entre le distributeur et le récepteur découvrant, selon les cas, un ou plusieurs compartiments de l'aubage dont la capacité reste ainsi toujours proportionnelle à l'admission. Le bas de la vanne est profilé de façon à éviter la contraction des filets liquides en hauteur, les guidant parfaitement et leur conservant leur direction normale.

En résumé, cette turbine est la combinaison de plusieurs turbines superposées, travaillant chacune en pleine admission, sans déviation, laminage ni remous.

Ainsi que nous l'avons dit, le récepteur se plaçant tout au bas de la chute, pour être toujours noyé, le niveau d'aval aura beau s'abaisser, la turbine travaillera alors partiellement par aspiration, utilisant, en plus de la chute, le vide plus ou moins sensible qui se fera sentir au moment où l'eau fait le plus défaut.

Le vannage s'opère sans pièces détachées mobiles ; il y a donc moins à craindre que dans tout autre système qui les comporterait, que les feuilles, débris, glaçons, etc., se logent dans les entailles, charnières et autres et ne soient susceptibles de nuire au fonctionnement de la turbine ou même de la briser.

La vanne, constituée par un simple cylindre tourné avec soin intérieurement et extérieurement, vient reposer sur des parties également tournées et, en s'élevant, se loge dans une enveloppe hermétique qui la met de la sorte à l'abri de toute cause de détérioration et de toute chance d'accident; elle se manœuvre au moyen de deux crémaillères symétriques, par rapport à l'axe, sur un même diamètre, avec contrepoids d'équilibre sur l'arbre horizontal de leur pignon; un renvoi par roues d'angle permet de la manœuvrer à grande distance et dans n'importe quelle direction : verticalement, à fond de précipice; avec inclinaison; horizontalement.

La turbine Hercule-Progrès possède un mode de pivot avec crapaudine qui se lubrifient par l'eau elle-même; il n'y a pas de graissage proprement dit; son entretien est donc, pour ainsi dire, nul, puisque, tout l'ensemble étant parfaitement équilibré et formé de pièces calibrées, et interchangeables, il n'y a ni usure ni échauffement, ce qui fait qu'elle peut être confiée indifféremment aux personnes les moins expérimentées.

Lorsque le travail résistant diminue et entraîne une tendance, pour la turbine, à s'emballer, la force centrifuge augmente et refoule l'eau contenue dans l'aubage vers les orifices du distributeur, faisant contre-pression à la charge sur ces orifices jusqu'à ce que le régime normal soit rétabli; si, au contraire, la vitesse du moteur diminue, la force centrifuge, qui lui est proportionnelle, diminue aussi, de sorte que l'affluence d'eau est plus grande, ce qui rend la turbine auto-régulatrice.

Les aubes (fig. 858), en fonte ou en bronze, présentent, à leur partie supérieure, un patin en forme de segment circulaire, parfaitement raboté et dressé, qui s'encastre dans une rainure tournée de la frette constituant le porte-aubes supérieur; on les y maintient par plusieurs vis, boulons ou rivets; les brides inférieures des aubes sont, en outre, reliées entre elles par deux cercles qui en assurent la rigidité.

L'arbre horizontal du vannage se trouve placé au-dessus du dôme; les pignons et crémaillères sont logés à l'intérieur de deux petites boîtes formant couvercle, de manière à ce que le mécanisme reste complètement abrité; il suffit, pour visiter le mécanisme, de déboulonner ces boîtes légères qui permettent même d'enlever entièrement tout l'intérieur sans avoir à démonter aucune autre pièce.

Il ne nous est pas possible de décrire une foule de systèmes de turbines qui remplacent aujourd'hui partout les roues de jadis; nous ferons néanmoins mention des excellentes turbines *Escher-Wyss* et *Piccard-Pictet* que l'on a choisies pour l'utilisation d'une partie des chutes du Niagara.

CHAPITRE QUATRIÈME

POMPES

Les pompes se classent soit 1° au point de vue du mouvement de l'eau, en pompes à *simple effet* lorsque l'eau n'est élevée que pendant l'aller ou le retour du piston; 2° en pompes à double effet lorsqu'elles travaillent à mouvoir l'eau dans les deux courses; soit au point de vue du moteur :

1° Moteurs généralement animés : pompes domestiques et d'incendie, pompes à manège ;

2° Moteurs inanimés, tels que les pompes d'usines ;

3° Grandes pompes à haute pression : machines d'exhaure de mines, distributions urbaines, etc., ou à basse pression pour irrigations, dessèchements et épuisements.

La pompe est *aspirante* (fig. 859) lorsque le piston s'élève au-dessus de la prise ; il produit un vide dans la colonne d'aspiration et l'eau doit s'élever, en théorie, à 10 m. 33 (hauteur atmosphérique) au-dessus du niveau de la bâche ou du puisard ; c'est ce qui constitue l'*amorçage* de la pompe.

Une pompe à simple effet (fig. 859 et 860), est munie de deux soupapes dont l'une est placée au pied du tuyau d'aspiration et porte le nom de *soupape ou clapet de retenue*, et dont l'autre est disposée le plus près possible du point bas de la course ou fait même partie du piston; quand la soupape est à poste fixe, on dit qu'elle est *dormante*.

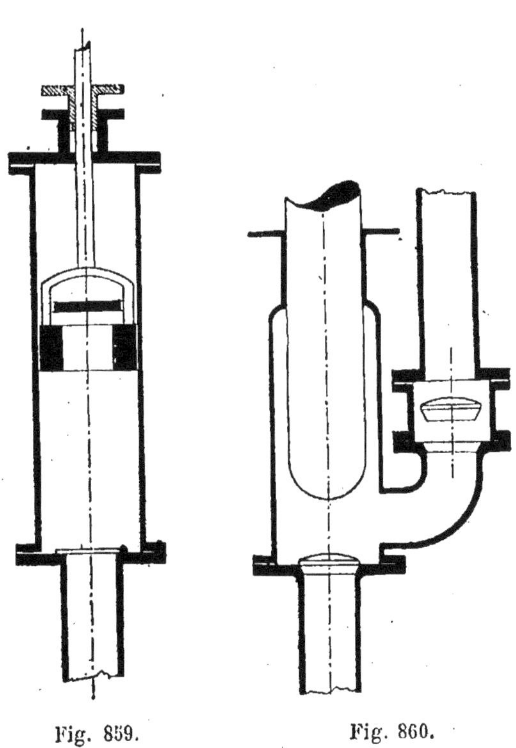

Fig. 859. Fig. 860.

La pompe peut aussi être *élévatoire* (fig. 859), c'est-à-dire qu'elle élève l'eau par traction sur le piston, ou *foulante* (fig. 860), lorsque le piston agit par compression sur le liquide à mettre en mouvement.

Amorçage (fig. 861). — Supposons le piston au bas de

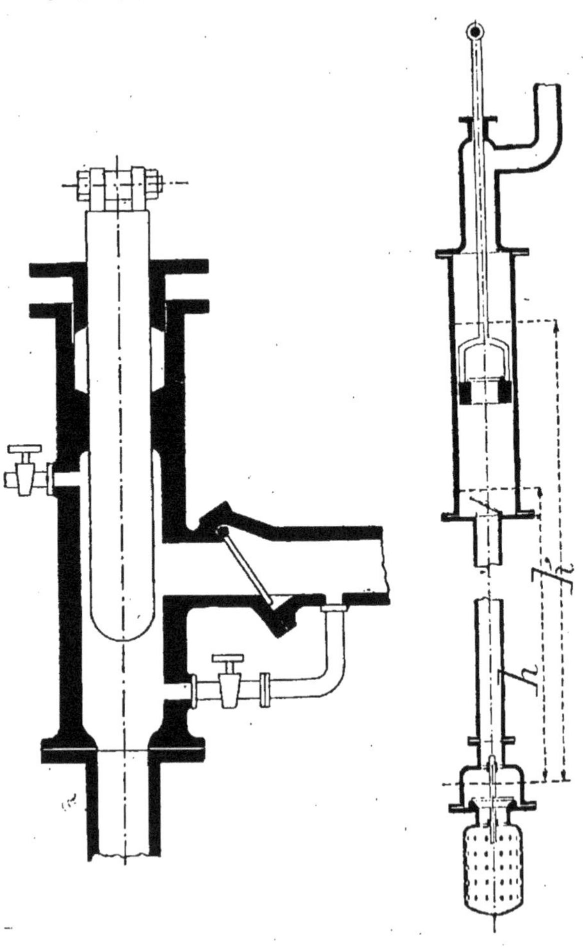

Fig. 861. Fig. 862.

sa course et la soupape dormante appliquée sur son siège ; il y a nécessairement un certain volume d'air interposé entre la soupape et le piston, dont la pression correspond à la pression atmosphérique; par conséquent, quand le piston aura marché et sera en haut de sa course, on pourra appliquer à ce volume la loi de Mariotte (pressions inversement proportionnelles aux volumes) et écrire

$$x = H \frac{V}{V + v}$$

H = pression atmosphérique ;
V = volume engendré par le piston;
v = espace mort;
x = hauteur théorique de l'élévation de l'eau.

Si l'on avait affaire à un autre liquide que l'eau, il serait nécessaire de faire intervenir la densité.

En pratique, la hauteur de la surface de niveau, au-dessous du piston à l'extrémité de sa course, doit être inférieure ou tout au plus égale à 9 mètres; mais, pour un bon rendement, 7 mètres est une distance maximum qu'il convient de ne pas dépasser.

Le clapet de retenue se place plus bas que le niveau de l'eau à élever: cependant l'on ne doit pas exagérer le contre-bas de cette soupape puisqu'en effet, lors du retour du piston pour le refoulement, il y aurait du retard dans la fermeture, retard permettant à un volume d'eau plus ou moins important de repasser vers la bâche.

L'amorçage d'une pompe se fait mieux (fig. 862) lorsqu'un robinet d'air est disposé à la partie supérieure; on l'ouvre pendant le mouvement de descente du piston; quelquefois, lorsque la hauteur d'aspiration dépasse 4 mètres, on place un robinet supplémentaire au moyen duquel l'eau de la bâche supérieure peut être amenée dans la colonne d'aspiration.

Ainsi que nous l'avons vu dans d'autres volumes (1), l'eau contient de l'air en dissolution ; de plus, il se produit fatalement des rentrées d'air par les joints ou par toute autre cause ; c'est pourquoi, surtout lorsque plusieurs pompes doivent refouler l'eau dans une conduite ascensionnelle, il est bon d'établir un réservoir d'air commun à toutes les pompes ; l'air s'y rassemble et les pompes et conduites restent amorcées.

Puisards des pompes. — Ils sont établis soit pour

Fig. 863.

former réservoir d'eaux de rivières ou d'infiltration, soit pour capter des sources souterraines ou faire prise sur les nappes d'eau sous-jacentes ; dans ce dernier cas, ils constituent les puits vulgaires.

Ce à quoi il faut prendre garde, c'est que l'eau n'y arrive pas chargée de limons ou de sables ; ce n'est pas toujours

(1) *Machines à vapeur.*

l'eau du fleuve ou du cours d'eau avec lesquels ils sont en communication qui est la cause du trouble du liquide ; les eaux de pluie, en traversant le sol, sont très capables de souiller le puisard; on y remédie par des cuvelages imperméables, fonte ou maçonnerie étanche.

On peut également (fig. 863) placer la crépine dans un coffre suffisamment grand pour qu'il y ait dépôt des boues en suspension ou faire usage de l'*aspiration forcée*.

Si l'on suppose que l'on ait foncé un puits pour atteindre une couche aquifère, on peut légèrement augmenter le volume obtenu des sources du fond en montant un premier cuvelage en maçonnerie de béton que l'on surmonte d'un cuvelage à peu près imperméable ; en installant la crépine tout au fond et plus bas qu'au niveau d'un puits ordinaire, l'épuisement auquel on procédera par la pompe formera une sorte de dépression très profitable au débit, car il acheminera de proche en proche l'eau vers le puits. Cependant il ne faut pas trop multiplier ces puits dans un périmètre donné, car le volume total débité par les sources n'est pas illimité.

Réservoir d'air. — En plus des fonctions dont nous avons parlé ci-dessus, le réservoir d'air est utile : 1° pour uniformiser le débit de la conduite et des pompes; 2° pour régulariser la pression.

Il est à remarquer, en effet, que la pompe est animée d'un mouvement alternatif de va-et-vient; ce mouvement varié est tel que la vitesse passe, entre zéro et zéro, par un maximum; d'autre part l'écoulement dans les conduites correspond au volume moyen engendré par la pompe et à la vitesse du piston; de là, la nécessité d'interposer un réservoir d'air entre la pompe et le tuyau de refoulement.

Il emmagasine ou fournit l'eau et constitue un matelas d'air pour uniformiser la pression ; son volume doit être calculé pour que la pression s'y maintienne d'autant plus constante que les conduites sont plus grosses et plus longues.

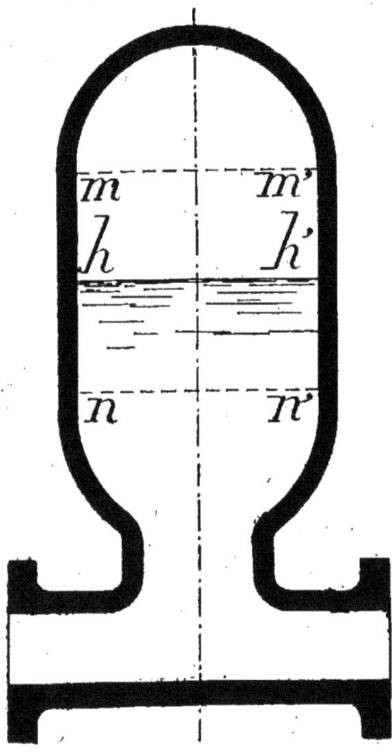

Fig. 864.

Pour calculer les dimensions d'un réservoir d'air placé sur une conduite de refoulement, adoptons les notions suivantes (fig. 864) :

V_1 = volume maximum occupé par l'air, correspondant au niveau nn';

V_2 = volume minimum, en mm';

V = volume moyen, en hh';

A chaque course de piston, le réservoir devra emmagasiner et restituer $V_1 - V_2$ et, de plus $V_1 + V_2 = 2\,V$; chaque volume V_1 et V_2 correspond respectivement aux pressions p_1 et p_2 dans le réservoir, inversement proportionnelles aux volumes.

On s'impose, pour chaque système de pompe ou groupement de pompes sur le même arbre, la condition que $V_1 - V_2$ soit une certaine fraction $\frac{1}{n}$ du volume v d'une cylindrée et, de même, pour les pressions, on adopte un coefficient de régularisation $\frac{1}{N}$ tel que

$$p_2 - p_1 = \frac{1}{N}\,p \qquad (1)$$

$$p_2 + p_1 = 2\,p$$

N est d'autant plus élevé que le réservoir doit d'autant plus restreindre les variations de vitesse ; en combinant ces équations, on obtient la formule

$$V = \frac{1}{n}\,Nv \qquad (2)$$

Si l'on se donnait, au lieu de N, la variation de la pression (1) $\frac{1}{N}\,p = h$, la formule (2) deviendrait, en colonne d'eau,

$$V = \frac{pv}{nh}$$

(2) et (3) donnent le volume moyen du réservoir par rapport à une cylindrée ; il faut se donner N dans chaque cas et calculer le rapport $\frac{1}{n}$ pour chaque système de pompe;

N = 50 à 100 pour réservoirs sur refoulement;
N = 25 à 50 — aspiration non exagérée.

ce qui conduit aux limites ci-dessous pour les autres éléments, tableau K.

Tableau K.

$N = 25$	$p_2 = \frac{51}{50} p.$	$p_1 = \frac{49}{50} p.$	$\frac{p_1}{p_2} = \frac{49}{51} p.$
$= 100$	$= \frac{201}{200} p.$	$= \frac{199}{200} p.$	$= \frac{199}{201} p.$

Lorsque les pompes sont à traction directe, le mouvement du piston étant uniformément varié (*Mécanique générale*),

$$\frac{1}{n} = 0{,}562 \text{ pour une pompe à simple effet}$$
$$= 0{,}250 \quad \text{—} \quad \text{double —;}$$

ce qui a conduit les constructeurs à prendre pour le volume du réservoir de refoulement

$$V = 4v \qquad V = 1{,}80v$$

selon que la pompe est à simple ou à double effet.

Pistons. — Les pistons des pompes peuvent se distinguer les uns des autres par le mode de leur garniture; celle-ci est ou élastique et son frottement proportionnel à la pression, ou rigide et alors le frottement est indépendant de la pression.

Dans le premier cas, le frottement se calcule par la formule

$$f = \mu D\delta$$

δ = pression, en mètres d'eau ;
D = diamètre du piston, en mètres ;
μ = coefficient relatif à la nature de la garniture :
7 kg. pour le laiton bien poli ;
15 pour la fonte simplement alésée ;
25 pour le bois ;
50 — après dégradation par l'usage.

Les pistons sont encore ou à garniture intérieure ou à garniture extérieure ; les pompes à piston plongeur sont de cette dernière catégorie ; ils sont plus commodes à confectionner en raison de ce qu'il est plus facile de tourner un piston que d'aléser un cylindre ; en outre, la garniture étant apparente, on en peut vérifier et régler le serrage ou même la remplacer sans démonter l'organe.

Dans ceux à garniture intérieure, au contraire, on ne peut serrer pendant la marche et on ne s'aperçoit de son mauvais état qu'à la diminution du rendement.

Parfois le piston est muni de soupapes ou de clapets ; il faut s'arranger pour éviter les étranglements brusques, ce qui n'est pas toujours aisé, afin qu'il ne se produise pas de chocs entraînant de l'usure et des pertes de travail ; soit dans les conduites, soit sur le piston, l'influence des chocs est d'autant plus grande que la vitesse elle-même est plus grande et moins régulière ; on les contrebalance en augmentant le diamètre, s'il est possible, en conjuguant plusieurs pompes, ou, surtout, en disposant des réservoirs d'air.

En augmentant la vitesse du piston, on diminue, bien entendu, le prix de la machine ; aussi, pour y satisfaire dans de bonnes conditions, y a-t-il lieu d'employer de grandes soupapes ou des clapets nombreux et, pour éviter leurs chocs, on les fera aussi légères que possible et mues par ressort ou mécaniquement ; quant au siège, il doit être aussi petit que possible (fig. 865), quitte à prévoir son remplacement facile ; à surface de siège égale, $s' - s$, il y a donc encore intérêt à faire de grandes surfaces, c'est-à-dire que $s' - s$ soit minimum par rapport à s.

Aussitôt que la pompe est amorcée par intervention de la pression atmosphérique H_a, il est nécessaire que la vitesse V du piston soit tout au plus

$$V = \sqrt{2g\,(H_a - h')}$$

En désignant par
s = section de la soupape ;
K = coefficient de contraction ;
S = section du piston ;
v = vitesse ;
le volume passant, en une seconde, par la soupape est KsV qui doit être le même que Sv, d'où

$$v = \frac{Ks}{S}\,V$$

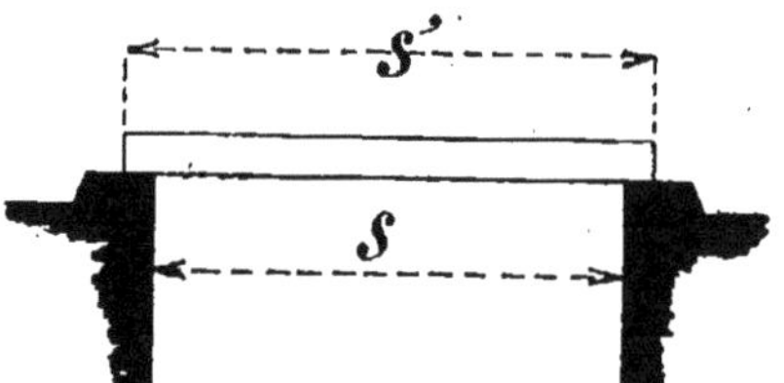

Fig. 865.

Comme, d'autre part, nous avons trouvé 9 mètres pour limite de h' (fig. 862)

$$V = \sqrt{2g\,(10{,}33 - 9)} = 5 \text{ m. } 00$$

ce qui donnerait pour : s variant de un quart à un demi de S et K = 0,62 (orifice en mince paroi), une vitesse moyenne de 0 m. 775 ; on voit donc qu'une longue course est favorable et permet une grande vitesse, surtout dans les pompes horizontales où la course est contenue dans la hauteur d'aspiration.

Le tableau suivant L montre quelles variations éprouvent les vitesses et les courses de piston dans quelques pompes fréquemment employées :

Tableau L.

POMPES VERTICALES						
	DOMESTIQUE	A MANÈGE	A INCEND.E	CRÉTEIL	PONTS DE CÉ	HELGOAT
Course.	0 21	0.30	0.12	0.60	1.20	2 30
Vitesse moyenne. .	0.196	0 100	0 240	0.300	0.640	0.420
Nombre de coups simples par 1' . .	56	20	120	30	32	11

POMPES HORIZONTALES					
	MARLY	MANS TURBINES	MANS VAPEUR	SAINT-MAUR	PORT-A-L'ANGLAIS
Course.	1 60	0.70	0 65	0.80	0.35 à 0.70
Vitesse moyenne.	0.133 à 0.160	0.256	0.325 à 0.542	0.426	0.175 à 0.583
Nombre de coups simples par 1' .	5 à 6	22	30 à 50	32	30 à 50

Les pompes à incendie forment une catégorie particulière ; on se propose, dans leur emploi, de leur donner une très grande vitesse u à la sortie du tuyau d'écoulement et telle que, si H' désigne la hauteur d'élévation, la valeur de

$$\frac{u^2}{2g} = 80 \text{ à } 100$$

avec H' à peu près nulle.

Dans toutes les pompes, le volume engendré par le piston doit être plus grand que le volume à élever par coup ; c'est ce qui constitue le déchet de l'appareil ; les garnitures et les soupapes laissent ordinairement, en effet, redescendre le liquide et ont d'autant plus d'influence que H' est grand ; on compte sur 10 pour 100 de déchet, mais ce chiffre peut s'atténuer jusqu'à 2 à 3 pour 100.

Cependant il arrive quelquefois que, les soupapes étant légèrement ouvertes ensemble, la force vive ascensionnelle provoque un supplément de débit et le volume élevé est alors plus grand que le volume engendré par le piston ; mais, par contre, l'inconvénient de cet état c'est qu'il se produit des chocs plus ou moins violents au moment où les soupapes s'appliquent sur leurs sièges.

Le rendement des pompes bien conditionnées varie de 70 à 85 pour 100.

Pompes à bras (fig. 859). — Les plus simples sont celles où le travail n'a lieu qu'à la montée, l'aspiration et l'élévation du liquide se font à l'ascension ; le tuyau d'aspiration est terminé par un clapet et le piston est percé d'une ouverture que peut fermer un second clapet ; le corps de pompe est un cylindre ayant une tubulure pour l'évacuation ; le couvercle est rapporté et un presse-étoupe disposé pour laisser passer la tige ; l'axe d'oscillation est donc extérieur.

Lorsque l'aspiration a lieu dans une course et le refoulement dans l'autre, la pompe est dite aspirante et foulante (fig. 860) ; si le refoulement est faible, la plus grande dépense de travail se fait pendant l'aspiration, et l'articulation du balancier se place entre la pompe et la poignée ; c'est le contraire si le refoulement est assez considérable par rapport à l'aspiration ; quand ces deux éléments sont égaux, on emploie ordinairement un arbre à volant-manivelle.

Pompes mues par manège. — Elles doivent jouir d'une grande régularité de résistance que l'on obtient soit par un volant, soit par la conjugaison de plusieurs pompes qui rend plus uniforme le mouvement de l'eau dans les tuyaux et conduit parfois à supprimer totalement le réservoir d'air.

Il est nécessaire que leur course soit variable afin d'avoir la possibilité d'augmenter la hauteur d'élévation, tout en réduisant le volume d'eau sans que l'on soit obligé de changer la vitesse de la roue primitive. Pour cela, on peut, par exemple, faire usage d'un plateau-manivelle sur lequel coulisseront les manetons commandant les tiges.

Comme ces pompes ont peu de vitesse, le diamètre des tuyaux est assez faible.

L'arbre moteur est, aussi, animé d'une faible vitesse ; on ne peut généralement pas faire usage de volant ; aussi la meilleure disposition, pour des pompes à simple effet, consiste-t-elle à accoupler trois pompes calées à 120 degrés ; si les pompes à simple effet étaient aspirantes et élévatoires, il faudrait les conjuguer à 180 degrés ; il en serait de même pour des pompes aspirantes et foulantes ; quand l'aspiration et le refoulement sont égaux et les pompes à double effet, il convient de les coupler à 90 degrés ; le point mort se franchit plus aisément et la régularité est maximum.

Première application (fig. 866). — Supposons qu'aux abords d'un puits soit installé un manège qui, par une paire de roues d'angle, donne le mouvement à l'arbre A qui fait dix tours par minute; c'est cet arbre qui, par la roue *a*, commande les deux autres pompes par l'intermé-

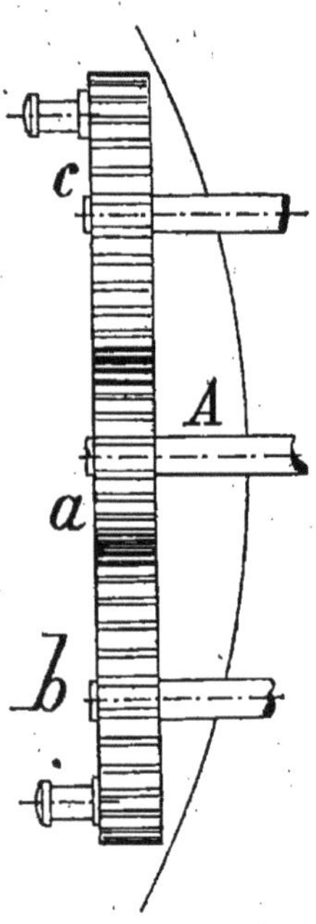

Fig. 866.

diaire de *b* et *c* engrenant avec elle; *a*, *b* et *c* portent des manetons où sont articulées les extrémités des tiges qui descendent dans le puits et ces manetons sont disposés de façon à produire le même effet que s'ils étaient calés à 120 degrés sur le même arbre.

La flèche du manège est de 3 mètrès et le cheval parcourt 0 m. 90 par seconde; le diamètre des pistons est de 0 m. 135 et leur course 0 m. 300. Le volume engendré par ces pistons à simple effet est

$$q = 3 \times \frac{\pi \times \overline{0,135}^2}{4} \times 0,30 \times 10 = 0 \text{ m}^3\ 129 \text{ par minute},$$

de sorte que le volume réellement élevé par minute varie de 110 à 120 litres.

Désignant par v la vitesse moyenne des pistons

$$v = \frac{0,300 \times 10 \times 2}{60} = 0,10$$

Avec un tuyau d'aspiration de 0 m. 08 de diamètre intérieur, nous avons, s étant la section du tuyau et S celle du piston,

$$s = 0,35\ S$$

de sorte que la vitesse de l'eau, au passage des clapets, est

$$v' = 0,10 \frac{1}{0,35 \times 0,62} = 0,45$$

Le cheval qui actionne le manège développe un effort constant de 45 k.; le travail produit est, par conséquent, en une minute :

$$45 \text{ k.} \times 0 \text{ m. } 90 \times 60 = 2430 \text{ kgm.}$$

qui, à cause des divers frottements, ne sont pas complètement utilisables ; ce travail doit être affecté d'un coefficient de rendement de 0,60 environ ; il ne restera donc que

$$2430 \times 0{,}60 = 1440 \text{ kgm.}$$

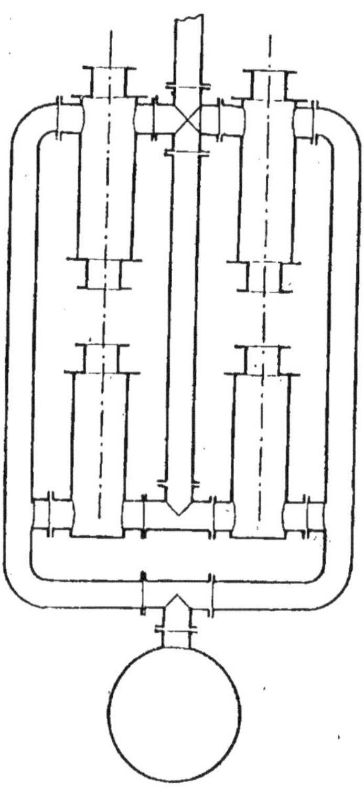

Fig. 867.

pour le travail en eau élevée, dont le volume est, comme ci-dessus, égal à 120 litres ; on en déduit la hauteur à laquelle l'eau pourra être élevée :

$$\frac{1440}{120} = 12 \text{ m. } 00$$

Deuxième application (fig. 867). — Nous avons des pompes à simple effet à piston plongeur, mais dont l'accouplement sur une même tige produit le même effet que deux pompes à double effet ; les boîtes à clapets sont disposées à chaque extrémité ; l'eau est puisée d'un côté et envoyée, par exemple, dans un réservoir d'air d'où elle est distribuée selon les convenances.

Ces pompes sont montées à 90 degrés ; le diamètre des pistons est 0 m. 06 ; leur course de 0 m. 240 et il y a 36 coups par minute ; dans ces conditions, la vitesse moyenne sera

$$v = \frac{0,24 \times 36}{60} = 0 \text{ m. } 144$$

par seconde, alors que le volume, engendré par minute, est :

$$2 \times 36 \times \frac{\pi \times \overline{0,06}^2}{4} \times 0,24 = 0 \text{ m}^3 \, 049$$

soit 2940 litres à l'heure et, avec le déchet, 2700 litres seulement ; pour une hauteur totale d'élévation de 30 mètres au-dessus du niveau dans le puits, le travail en eau élevée serait

$$2700 \text{ k.} \times 30 \text{ m. } 00 = 81.000 \text{ kgm. par heure}$$

Un cheval, attelé au manège, développe, d'autre part,

$$45 \text{ k.} \times 0 \text{ m. } 90 \times 3600'' = 145.800 \text{ kgm.}$$

ce qui fait que le rendement total est

$$\frac{81.000}{145.800} = 0,55$$

Pompes d'usine. — Ce sont celles où le manège est remplacé par une transmission dépendant de la commande générale actionnée par l'eau, la vapeur ou l'électricité ; il est plus avantageux de les conjuguer, si elles sont à simple effet, ou de faire usage de pompes à double effet, pour que les organes subissent moins l'influence des variations de la vitesse, mais c'est moins important que dans les engins à moteur animé ; l'aspiration et le refoulement se font dans des conduites généralement verticales.

Des engrenages accélérateurs ou, plus ordinairement, retardateurs, sont placés pour faire correspondre l'allure des pistons à une vitesse convenable et, si le niveau du puisard dépasse 7 à 8 mètres, on est obligé d'installer les pompes dans le puits, en les soutenant par des charpentes quelconques scellées solidement dans la maçonnerie du cuvelage ; les chapelles d'aspiration et de refoulement sont aussi installées en contre-bas du sol, afin que la direction de l'eau ne change pas brusquement ; des clapets de retenue sont disposés dans les tuyaux d'aspiration et de refoulement et il est bon de le faire en prévoyant la possibilité de les visiter ou même de les remplacer lorsque, en particulier, les eaux sont susceptibles de devenir troubles sous certaines influences ; dans ce cas on devra munir les boîtes à clapets de robinets de purge qui, outre qu'ils permettent de vider les pompes, peuvent aussi les laisser fonctionner à simple effet dans une circonstance fortuite.

Pompes pour grands services. — Elles servent pour les irrigations, les épuisements ou autres destinations, à grand volume, et, selon leur but, on peut opérer soit à basse pression soit à haute pression ; mais le rendement est meilleur lorsque la hauteur d'élévation de l'eau est grande et il arrive même que les pompes à piston à mouvement alternatif ont un effet utile très faible pour de petites élévations, relativement à d'autres engins tels que les pompes rotatives, par exemple, qui ne s'appliquent pas souvent à de grandes hauteurs.

Lorsqu'au début des concessions pour l'alimentation des villes, on étudiait le mode de distribution, il était de principe d'envoyer d'abord l'eau, verticalement, dans un château d'eau situé en un point culminant; on voulait ainsi régulariser la dépense et le mouvement de l'eau dans les canalisations; mais ce système a été abandonné et remplacé avantageusement par l'usage des réservoirs d'air et par l'accouplement des pompes; le château d'eau ne sert pour ainsi dire plus que comme accumulateur, à moins que des conditions locales exigent qu'il ait une grande capacité, ce que nous n'avons pas à discuter ici.

Une bonne proportion pour les calculs d'établissement des réseaux urbains est de compter sur 25 à 30 litres d'eau potable par tête d'habitant et par jour, et de 120 à 200 litres d'eau non filtrée pour les mêmes unités.

Pompes à piston alternatif. — Ces pompes, qui sont très avantageuses sous d'autres rapports, demandent un graissage soigné et de l'eau à peu près pure et débarrassée de sable; elles s'emploient aux mêmes destinations que les pompes précédentes, élévation d'eau, alimentation de chaudières ou usages domestiques; elles peuvent être commandées par une transmission, mais leur principale caractéristique est d'être automatiques, c'est-à-dire de comporter un moteur à vapeur, électricité ou autre, à action directe.

Nous choisirons comme exemple de leur fonctionnement la pompe Worthington avec pistons à vapeur.

Pompe Worthington (fig. 868 et 869). — Elle est constituée par deux cylindres à vapeur, attelés directement sur les tiges de deux pompes à eau, et munis chacun d'un tiroir actionné par la tige jumelle ; les pistons fonctionnent alternativement, pour assurer la continuité de l'écoulement du liquide et permettre ainsi aux clapets de retomber doucement sur leurs sièges.

Les quatre pistons sont, d'ailleurs, à double effet, et les

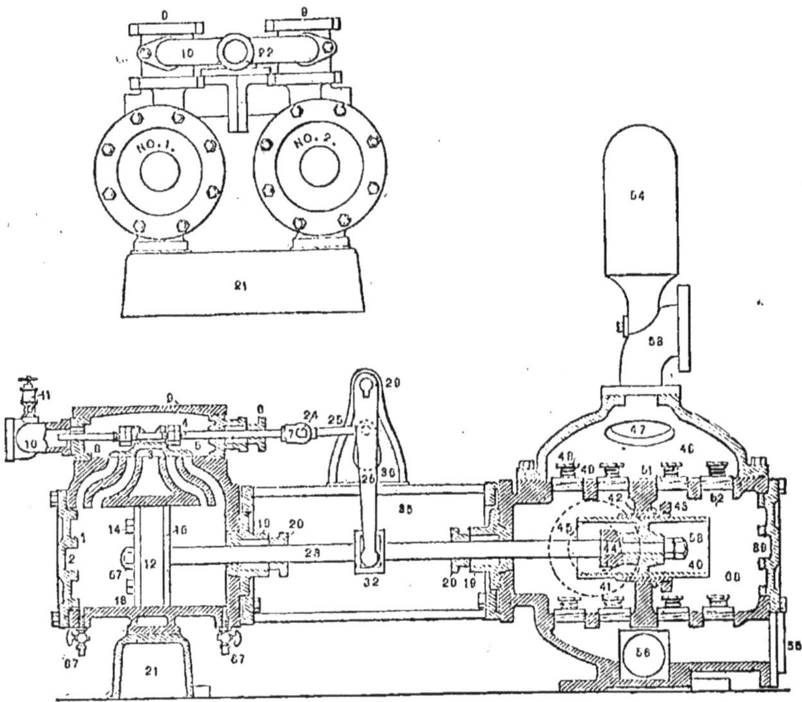

Fig. 868, 869.

distributions sont agencées de telle sorte que l'ensemble de l'appareil peut être assimilé à un moteur rotatif dont le cercle décrit par le maneton de la manivelle serait divisé en quatre temps.

Chaque piston à vapeur parcourt un cylindre dont les

extrémités sont pourvues de deux séries de lumières : la plus éloignée du point milieu de la course sert à l'admission ; l'autre à l'échappement.

L'admission et l'échappement ont lieu au moyen d'un tiroir à coquille ordinaire dont la tige se prolonge, au travers d'un presse-étoupes, jusque dans le tuyau qui amène la vapeur vers ce bout de la boîte du tiroir ; l'extrémité

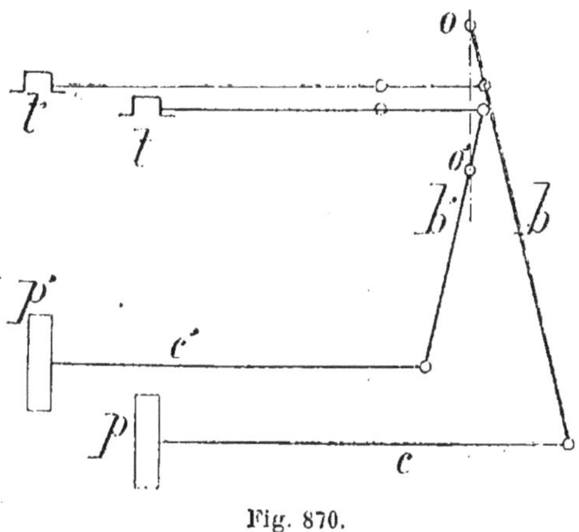

Fig. 870.

opposée de la tige passe dans un second presse-étoupes et s'articule (fig. 870) sur une petite bielle *a* reliée à un levier *b* mis en mouvement par la tige du piston conjugué.

Le point caractéristique de la distribution automatique réside dans la position du centre de rotation des leviers *b*, *b'* ; tandis que la tige du premier piston *c* conduit un long levier avec articulation tout en haut *o*, le second piston *c'* mène un levier court *b'* dont le centre d'oscillation est en *o'* ; *o* et *o'* sont situés sur la même verticale.

Par ce dispositif, chaque piston p ou p' en marche ouvre, avant la fin de sa course, l'admission à l'autre pompe t ou t et attend, pour revenir en sens inverse, que son tiroir à vapeur ait été ouvert par la tige jumelle; la figure 870 montre que, par ce renversement des leviers, les mouvements des tiroirs se font bien dans le sens qui convient aux admissions ou aux échappements; la glace des lumières est combinée pour que le même déplacement, qui ouvre l'entrée à la vapeur sous pression, produise, de l'autre côté du piston, l'ouverture de l'échappement de la vapeur qui a été utilisée au coup précédent.

L'arrêt à fin de course a pour résultat de permettre aux clapets des pompes de retomber doucement sur leurs sièges et d'assurer ainsi une marche douce et sans chocs. En examinant cette disposition spéciale, on voit que l'un des tiroirs est toujours ouvert, ce qui supprime le point mort; il y a donc toujours un côté prêt à fonctionner dès l'admission de la vapeur; la mise en route et le stoppage de la machine ont lieu par la seule manœuvre du robinet à vapeur.

Les pompes sont formées par des corps d'assez fort diamètre offrant, au-dessus des parties frottantes, une chambre où les matières étrangères peuvent se déposer; elles sont divisées par une cloison médiane qui reçoit le cylindre proprement dit, dans lequel se meut le fourreau du piston plongeur; celui-ci comporte un anneau de guidage maintenu par une enveloppe et une bride sur la cloison; les clapets d'aspiration sont placés au bas du corps de pompe, dans la chambre à eau, et les clapets de refoulement dans le haut; tous sont à ressorts.

L'eau, après avoir franchi ces derniers, s'élève dans la tubulure d'élévation sur laquelle est branché le réservoir d'air; des plateaux de visite permettent de contrôler toutes les parties intérieures de la pompe; la chambre de refoulement se boulonne sur la chambre à eau, laissant ainsi, au besoin, le libre accès aux clapets supérieurs.

De même, le fond de la chambre à eau est un plateau facilement démontable par lequel on peut accéder au fourreau pour les visites, réparations ou changements; si, à un moment quelconque, on croit devoir modifier les proportions entre les cylindres à vapeur et les pistons plongeurs, il est très facile d'employer de la sorte un plongeur différent, grâce à la présence de l'anneau et de son enveloppe; la facilité de cette modification constitue un très sérieux avantage, car il est de grande importance de toujours bien proportionner la résistance à vaincre au travail moteur.

L'application directe de la puissance de la vapeur sur les tiges des pompes ne se limite pas à la pleine admission; ce genre de pompes peut aussi se faire avec cylindres vapeur en tandem, soit compound soit à triple expansion; une autre modification porte sur les pompes à eau, lorsque celles-ci fonctionnent avec un refoulement élevé; elle consiste à employer des pistons-plongeurs à presse-étoupes extérieurs, au lieu des garnitures intérieures, pour contre-balancer la tendance de l'eau soumise à de fortes pressions à rayer les pistons et leurs garnitures, ce qui occasionne des fuites qu'il n'est pas facile de découvrir. Dans ce cas les plongeurs sont fixés sur des crosses transversales et reliés entre eux par des tiges de dimensions convenables pour faire le même effet que le piston précédemment décrit.

Pompes centrifuges. — Le mode de fonctionnement des pompes centrifuges est, quant au calcul, analogue à celui des turbines mais pris en sens inverse puisqu'au lieu d'utiliser la vitesse de l'eau affluante, la pompe lui en communique une.

Elles peuvent élever l'eau à de grandes hauteurs, comme les pompes précédentes; au moyen de dispositions spéciales par conjugaison, on peut aller jusqu'à 30 mètres et plus; néanmoins l'aspiration ne doit pas dépasser 6 mètres, et le refoulement 12 à 15 mètres.

Elles conviennent aux eaux sales ou chargées de sables et de limons et ne comportent que des clapets et elles sont surtout propres pour élever de grandes quantités d'eau à une faible hauteur; ainsi que les turbines et les ventilateurs, il est possible de les faire à axe horizontal ou à axe vertical.

En adoptant les notations ci-après :

Q = volume d'eau à élever, en mètres cubes par seconde;
H = hauteur totale d'élévation;
D = diamètre extérieur de la roue;
D' = diamètre intérieur de la roue;
d = diamètre du tuyau ou de la tubulure d'aspiration;
d' = diamètre du tuyau ou de la tubulure de refoulement;
v = vitesse à l'extrémité du rayon $\frac{D}{2}$;
v_0 = vitesse de l'eau à l'entrée;
L = largeur des aubes mesurées sur le diamètre D';
α = angle au centre des rayons passant par les extrémités d'une aube;

les formules employées pour déterminer les diverses proportions de ces pompes sont, d'après *Fink*, et pour des parois convergentes

$$\frac{1}{9}\sqrt{2gH} < v_0 < \frac{1}{6}\sqrt{2gH}$$

ce qui conduit à adopter pour v une valeur moyenne

$$v = 1,25\sqrt{2hH}$$

Le diamètre de l'œillard d'aspiration

$$d = 1{,}72 \sqrt{\frac{Q}{\sqrt{H}}} = d'$$

Les dimensions de la roue à ailettes sont

$$D = 2\,D' = 2{,}4\,d$$
$$L = 0{,}36\,d$$

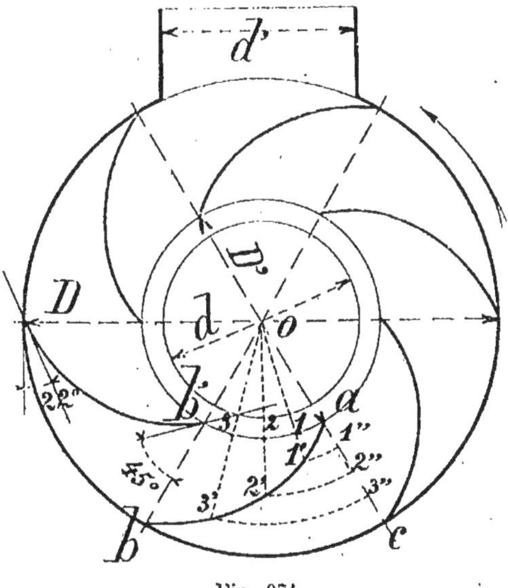

Fig. 871.

Elles exigent une dépense de force que l'on peut estimer à

$$T = 0{,}22 \times K \times Q \times H$$

K coefficient variant de 1,5 à 2; leur rendement est de 60 à

75 pour 100; il augmente avec la grosseur de la pompe et avec une diminution de vitesse dans les tuyaux, parfois aussi avec la hauteur de refoulement.

La vitesse dans les tuyaux ne doit pas dépasser 1 m. 5 à

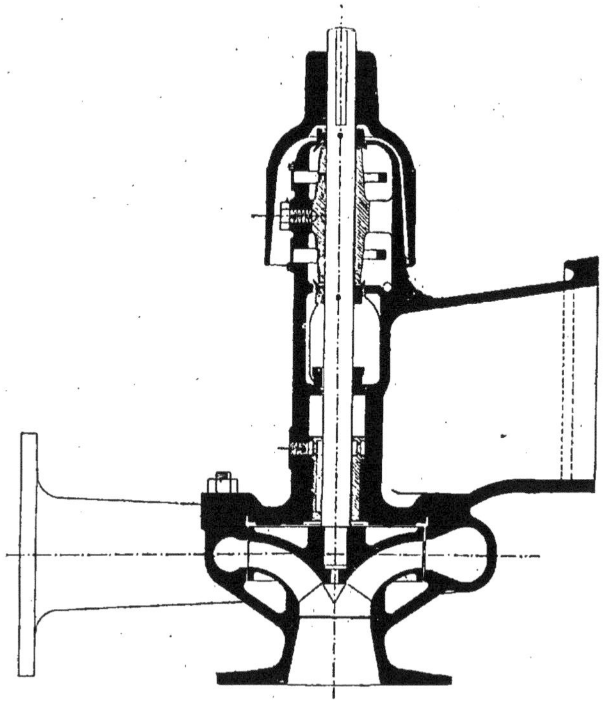

Fig. 872.

1 m. 8; elle est moindre pour les petits diamètres; le nombre des aubes est de 6 à 12; on n'en met que 4 dans les petits modèles, mais plus dans les grandes pompes; pour tracer leur profil, on peut adopter la forme en développante de

POMPES CENTRIFUGES FARCOT

Tableau M.

DÉBIT : M³ A L'HEURE	NOMBRE DE TOURS PAR MINUTE POUR DES HAUTEURS D'ÉLÉVATION DE : 1 MÈT.	2 MÈT.	4 MÈT.	6 MÈT.	8 MÈT.	10 MÈT.	16 MÈT.	20 MÈT.	FORCE EN CHEVAUX	DIAMÈTRE DES TUBULURES
1 à 4	970	1.368	1.940	2.375	2.740	3.060	3.875	—	0.02 à 0.05	0m02
3 7	—	—	—	—	—	—	—	—	0.03 0.10	0 03
7 14	774	1.095	1 448	1 888	2.190	2.440	3.100	—	0.09 0.18	0 04
10 22	645	910	1 290	1.580	1.830	2.040	2.580	2 880	0.11 0.22	0 05
22 64	455	642	930	1.115	1.292	1.440	1.820	2.040	0.20 0.57	0 08
58 90	405	572	810	990	1.140	1.280	1.620	1.810	0.48 0.75	0 10
90 133	335	475	670	822	950	1 060	1.340	1.495	0,66 0.98	0 12
133 216	293	415	588	718	830	927	1 175	1.310	0.90 1.45	0 16
349 522	232	328	464	569	656	735	930	1.035	2 » 3 »	0 22
590 846	179	254	359	439	508	568	717	800	3.20 4.60	0 30
828 1.242	150	212	300	368	425	475	600	670	4.50 6,70	0 35
1.872 3.168	91	129	182	223	258	288	364	406	10 17	0 60
3.060 5.400	59	83	118	144	168	188	236	264	16 29	0 80
8.640 13 000									45 68	1 30
13.000 19.500									68 103	1 50
18.000 36 000									95 190	2 »

Les débits de ces pompes jouissent d'une grande élasticité ; ils peuvent varier du simple au quadruple ; la tubulure de refoulement s'oriente en tous sens.

cercle en menant, à la circonférence extérieure, une tangente avec laquelle l'aube devra faire un angle de 22 degrés, alors qu'elle fera un angle moyen de 45 degrés avec la tangente menée au point de la circonférence intérieure où elle aboutit.

La figure 871 indique ce tracé pour 6 aubes ; l'une d'elles *ab* faisant l'angle *aob* s'obtient, pour les points intermédiaires, en divisant la portion *ac* du rayon et l'arc *ab'* du cercle intérieur, en un même nombre de parties égales ; par *1''*, *2''*, *3''*, on fait passer des arcs concentriques qui rencontrent les prolongements des rayons *o1'*, *o2'*, *o3'* aux points appartenant à l'aube : *1, 2, 3*.

Nous donnons ci-après (fig. 872) la disposition des pompes *Farcot*, universellement réputées, ainsi qu'un tableau M qui y est relatif.

FIN DE L'OUVRAGE

TABLE DES MATIÈRES

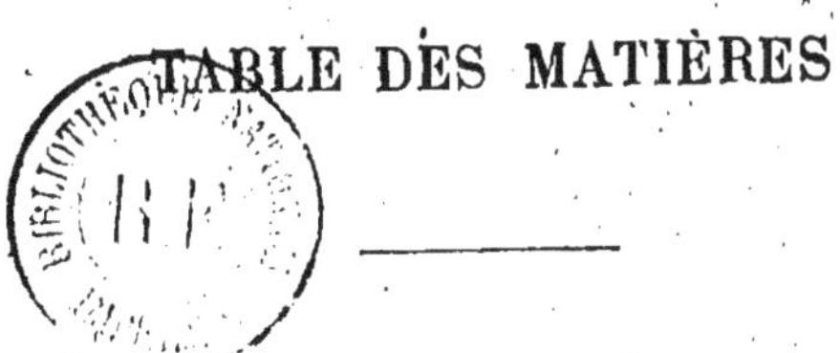

CHAPITRE PREMIER. — **Théorie et généralités** 1
Hydrostatique et hydrodynamique 1
Principe d'Archimède 3
Ecoulement de l'eau par un orifice. 4
Débit théorique 6
Débit réel. 7
Mouvement de l'eau dans les tuyaux 7
Tuyaux de conduite. 10
Mouvement de l'eau dans les cours d'eau. 16
Ruisseaux. 20
Déversoirs en maçonnerie. 24
Pouce d'eau 26
Déversoirs. 26
Vannes d'usines et barrages 27
Coursiers 30
Trajectoire de la veine liquide 33

CHAPITRE II. — **Récepteurs hydrauliques**. 37
Roues en dessus. 38
Diamètre. Vitesse. Augets. Largeur de la roue. 41
Roues de poitrine 46
Tracé des ajutages. Largeur. Augets 48
Roues successives. 53
Roues de côté. 53
Effet utile. Lame d'eau. Aubage. Diamètre. 56

Roues en dessous 61
Roues pendantes. 64
Roue Sagebien. 66
Dimension. 70
Roue Poncelet. 72
Application 79
Roue à admission intérieure 83
Application d'un calcul de rendement au frein 85
Renseignements généraux pour un projet de roue hydraulique 86
Choix du système. — Dimensions — Vannage — Résistance. 86

Chapitre III. — **Turbines** 101
Disposition générale. 103
Vitesse relative 104
Turbine d'Euler. 105
Tracé des aubes. 112
Turbine Jonval-Kœcklin. 112
Turbine Fourneyron. 113
Vannages partiels et hydropneumatisation 117
Turbines centripètes. 118
Turbines mixtes dites turbines américaines 119
Turbine Hercule. 120
Turbine Hercule-Progrès. 122

Chapitre IV. — **Pompes** 126
Amorçage. 128
Puisards des pompes. 130
Réservoir d'air. 131
Pistons 134
Pompes à bras 138
Pompes mues par manège. 139
Pompes d'usine 144
Pompes pour grands services. 144
Pompes à piston alternatif. 145
Pompe Worthington. 145
Pompes centrifuges 149

FIN DES TABLES DES MATIÈRES DE L'OUVRAGE

ÉMILE COLIN, IMPRIMERIE DE LAGNY (S.-ET-M.)

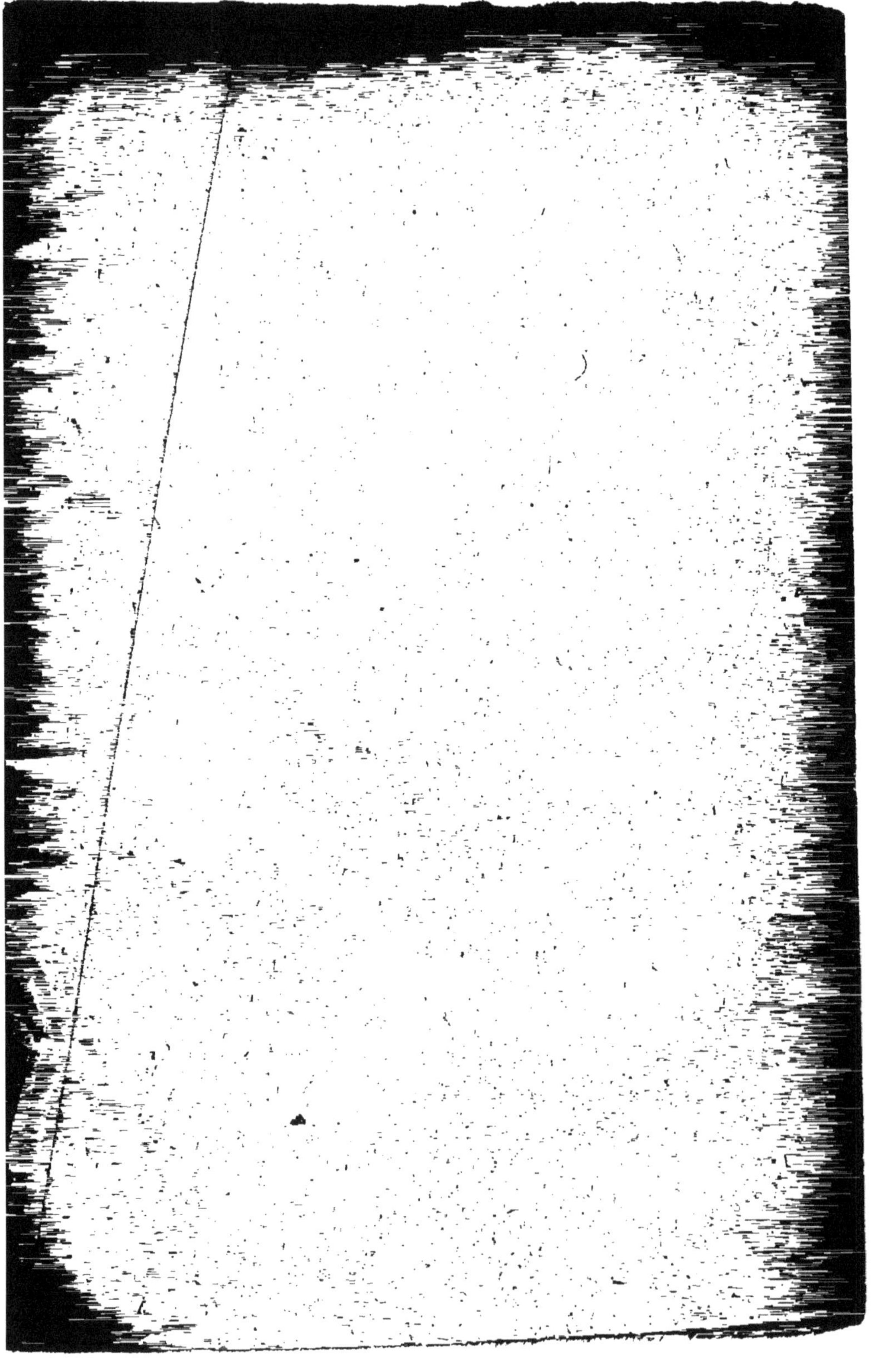

Envoi franco, joindre un mandat-poste à la demande.

Accumulateurs électriques, F. CACHEUX ... 4 »
Cables électriques, S.-A. RUSSEL... 6 »
Catéchisme d'Electricité, ST-EDME. 2 50
Compteurs d'électricité, E. COUSTET. 2 50
Dynamo électriques (machines), P. CLÉMENCEAU ... 5 »
Electrolyse, Electrométallurgie, JAPING ... 4 »
Electricité (l') dans la Maison, COUSTET ... 4 50
Galvanoplastie, argenture, BRUNEL. 4 »
Horlogerie électrique, TOBLER..... 3 »
Ingénieur électric. (Aide Mémoire de l'). 6 »
Lampes électriques, D'URBANITZSKY. 4 50
Lumière électrique (Installation de la), ANNEY, 2 vol. :
- Installations privées ... 5 »
- Stations centrales ... 7 »

Monteur électricien (Manuel du), P. LAFFARGUE. 700 fig. 6e édition ... 10 »
Piles électriques, HAUCK ... 4 50
Sonneries électriques, G. FOURNIER. 2 50
Téléphone (Manuel du). Installations privées, SCHWARTZ ... 4 »
Téléphonie à grande distance, WIETLISBACH ... 4 »
Transport de Force par l'électricité, DEPREZ ... 5 »
Aérostation (Manuel d'), de FONVIELLE. 5 »
Encyclopédie d'Agriculture, sous la direction de M. A. LARBALÉTRIER 10 v. 15 »
Les Engrais 1 50. Drainage des terres 1 50. Elevage du bétail 1 50. Jardinage pratique (fleurs et légumes) 1 50 — Lait, beurre et fromage 3 fr. — Céréales et fourrages 1 50 — Arbres fruitiers et Vigne 3 fr. — Cidre et poiré, 1 50. — Volailles, lapins, abeilles 1 50. — Machines agricoles, constructions rurales, 1 50.
Alcool (Fabrication de l'), RODINET et CANU ... 3 »
Aluminium, AD. MINET, 2 vol.
- Fabrication ... 4 50
- Alliages, emplois récents ... 4 50

Ammoniaque (Fabrique de l'). TRUCHOT ... 6 »
Architectes et Entrepreneurs (Carnet Formulaire des) C. SÉE ... 4 50
Arpentage et Levée de Plans, par DALLET ... 4 »
Automobiles (Manuel du chauffeur-conducteur d') FARMAN ... 3 »
Automobiles (Manuel du constructeur d'), M. FARMAN, in-16 et atlas in-4.... 9 »
Bière (Fabrication de la), par BOULIN. 9 »
Boulangerie et Pâtisserie, FAVRAIS. 12 »
Bougies, Savons et Chandelles, DROUX et LARUE, in-8 et atlas, cartonné toile ... 20 »

Catéchisme des Chauffeurs-Mécaniciens ... 1 50
Chaux, Ciments, Plâtres, LEJEUNE. 5 »
Chocolat (Fabrication du), L. DE BELFORT ... 4 50
Conserves Alimentaires, de NOTTER. 3 »
Cordes, Ficelles et Filins (Fabrication des), ALF RENOUARD ... 10 »
Principes de Chimie, MENDÉLÉEFF, (2 vol. cart. toile) ... 15 »
Corps gras, par VILLON ... 6 »
Couleurs, Essences, et R. LEMOINE et CH. MANOIR in-8° ... 6 »
Eaux (Analyse des), FABR. DOMERGUE. 1 50
Encres et Cirages, DESMAREST ... 5 »
Fécule et Amidon, FRITSCH ... 6 »
Filets de pêche (Fabrication des), par VANNETELLE ... 3 »
Géodésie, DALLET ... 4 »
Graissage des Machines, THURSTON. 4 »
Ingénieur (Carnet formulaire de l').... 4 50
Laminage du Fer, NEVEU et HENRI (1 vol. et atlas) ... 40 »
Liqueurs (Fabrication), ED. ROBINET.. 5 »
Matières colorantes artificielles, MAMY ... 1 50
Manuel de l'Ouvrier-Mécanicien, G. FRANCHE, 8 volumes ... 15 »
Principes de Mécanique, 2 fr. — Outils, Machines-outils, 2 fr. — Forge, Fonderie, 2 fr. — Engrenages, Transmissions, 2 fr. — Boulons, Rivets, Chaudronnerie, 2 fr. — Machine à vapeur, 2 fr. — Moteurs à gaz et pétrole, 2 fr. Hydraulique, 2 fr.
L'Or, par DE LA COUX ... 5 »
Parfumeur (Manuel du), ASKINSON... 6 »
Photographie (Encyclopédie de l'amateur par G. Brunel, Reyner, Chaux et Forest 10 volumes in-16 ... 20 »
Choix du Matériel, 2 fr. Le Sujet, Temps de pose, 2 fr. Clichés négatifs, 2 fr. Epreuves positives, 2 fr. Insuccès et retouche, 2 fr. Photographie en plein air, 2 fr. Portrait dans les appartements, 2 fr. Photographie en couleurs, 2 fr. Agrandissements et projections, 2 fr. Objectifs et stéréoscopie ... 2 »
Prospecteur (Manuel du), ANDERSON.. 4 50
Savonnier (Manuel du), CALMELS.... 4 »
Soie (Fabrication de la), VILLON ... 6 »
Sondages (Traité de), E. LIPPMANN.... 4 50
Sucre (Fabrication du), BOULIN ... 6 »
Teinturier (Manuel du), par J. HUMMEL. 7 50
Vernis, CH. COFFIGNIER ... 5 »
Vinaigre (Fabrication du), CH. FRANCHE ... 4 50
Vins rouges, vins blancs, etc., par ROBINET ... 5 »
Vins Mousseux, par ROBINET ... 5 »
Vins, Analyse (des), par ROBINET.... 5 »

Imprimé par les Ouvriers Sourds-Muets (Jules Witschy), 31, villa d'Alésia, Paris

www.ingramcontent.com/pod-product-compliance
Ingram Content Group UK Ltd.
Pitfield, Milton Keynes, MK11 3LW, UK
UKHW020149220726
13923UKWH00001B/439